U0155033

本书出版获“成都师范学院高水平
学术专著出版资助专项”资助

朝向近代自然哲学的实事

——罗伯特·波义耳自然哲学研究

陈仕丹 著

图书在版编目（CIP）数据

朝向近代自然哲学的实事 ： 罗伯特·波义耳自然哲学研究 / 陈仕丹著. — 成都 ： 四川大学出版社， 2023.6

（博士文库）

ISBN 978-7-5690-6107-9

Ⅰ. ①朝… Ⅱ. ①陈… Ⅲ. ①罗伯特·波义耳－自然哲学－研究 Ⅳ. ①N02

中国国家版本馆 CIP 数据核字 (2023) 第 077411 号

书　　名：朝向近代自然哲学的实事——罗伯特·波义耳自然哲学研究
Chaoxiang Jindai Ziran Zhexue de Shishi——Luobote·Boyi'er Ziran Zhexue Yanjiu

著　　者：陈仕丹

丛 书 名：博士文库

丛书策划：张宏辉　欧风偃

选题策划：张宇琛

责任编辑：张宇琛

责任校对：于　俊

装帧设计：墨创文化

责任印制：王　炜

出版发行：四川大学出版社有限责任公司

地址：成都市一环路南一段 24 号（610065）

电话：（028）85408311（发行部）、85400276（总编室）

电子邮箱：scupress@vip.163.com

网址：https://press.scu.edu.cn

印前制作：四川胜翔数码印务设计有限公司

印刷装订：成都市新都华兴印务有限公司

成品尺寸：170mm×240mm

印　　张：9.75

字　　数：188 千字

版　　次：2023 年 10 月 第 1 版

印　　次：2023 年 10 月 第 1 次印刷

定　　价：55.00 元

扫码获取数字资源

四川大学出版社
微信公众号

自　序

明末传教士来华，中国士人接触到西方知识及其文化传统。欧洲缓慢走出“中世纪”之后，17 世纪中叶到 20 世纪初，“科学－技术－生产－社会”的近代变革一往无前。最初东亚文明被要求“贸易和通航”，随之是欧洲工业革命之后，遍布世界的“海外殖民”。两次鸦片战争接踵而来，始以清末的“师夷长技以制夷”，中华民族开启奋争与近代化的历史进程。时至今日，我们仍行走于传统复兴和社会现代化的历史进程。这是汉语思想理解“西学”的总线索和大背景。

就“科学”而言，20 世纪西方逻辑实证主义科学哲学的“合理化重建”计划，具有确认现代科学文化及其社会建制的意义，即搞清楚“什么是科学”并将其组织到社会肌体之中。然而，“科学划界”的“概念性把握”也是“现成性的”。相对于“科学是什么”的概念分析然后按部就班“发展科学”，领悟作为人类文明活动的“科学做什么，如何做”具有更根本、更深远的意义，更是“朝向近代科学的历史实事”的题中之义。

为什么波义耳在近代科学史上具有典型意义或代表性呢？难道可以忽略伽利略或笛卡尔吗？首先，伽利略和笛卡尔在波义耳的思想世界中并没有缺席，波义耳自然哲学可谓近代科学的一个重大节点。波义耳从伊顿公学退学后，有家庭教师陪同，就开始了当时英格兰贵族成年的仪式性活动——周游欧陆，他的目的地就是学术隆盛的意大利的帕多瓦和佛罗伦萨。波义耳的旅行恰逢伽利略的葬礼，此时，这位伟人达到了他声名的顶峰；伽利略在《试金者》一文中阐述微粒论，表达了对自然的理智解释。笛卡尔祛除“形式”与“质料”，建立机械论自然形而上学，揭示了用数学方法研究自然的可能性。相对之下，波义耳厌倦纯粹的理论思辨，将机械论视为“假说”以解释感性经验和实验现象，开创了经验研究的近代实验哲学体系。其次，应该记住，笛卡尔、伽利略赖于教会和赞助人的庇护，而波义耳拥有父辈家业和贵族头衔，他的思想和自然研究更为独立。新生贵族“业余”的自然学术及“业余身份”带给他们的思想独立性十分重要。他们对英国“建立国教”和“内战”以来的“宗教－政治纷争”拥有独立思考，创建了“英国皇家学会”，并塑造了实验研究文化。如史蒂芬·夏平在《利维坦与空气泵》中的精彩描述，波义耳和皇家学会参与了英国近代新科学、新宗教和新政治共识的建构。这些近代早期共识奠定了“央格鲁－萨克逊现代性文化”乃至当前全球化的“底层”架构。

文艺复兴之后，欧洲的“神学－哲学家”和教会修士、工匠技师和商人、炼金术士、占星家和神秘主义者、人文学者、官员与贵族，乃至整个社会都参与了“科学－宗教”和新文化革命。罗伯特·波义耳是其中一位非常重要的自然学者。除了已有汉译的《怀疑的化学家》，波义尔与英国皇家学会的传记、波义耳众多手稿已汇编成册，六卷本波义耳全集的皇皇巨制，罕有人阅读。根据与大众潮流的远近，波义耳作为“气体定律”的发现者最为人熟知，其次是化学家波义耳，然后是经史蒂文·夏平《利维坦与空气泵》而闻名的波义尔“空气泵实验”；少为人知的是波义耳的早年写作、古典素养与自然神学，比如提出“基督徒大师”（Christian Virtuoso）代表“新科学与信仰的领袖”；“自然哲学的用处”讨论自然学术的文化和神学意义。波义耳全集包含围绕“气体压力”、“化学实验”和“冷热、颜色、电磁等物质性质研究”的实验论文写作，还包含“怀疑的化学家”以及“形式与性质的起源”等理论篇章。波义耳是20世纪西方科学史研究的焦点之一，定期可见数量可观的成果；波义耳研究专家迈克尔·亨特（Michael Hunter）称之为科学史学术的“波义耳产业”。亨特重新汇编了14卷的波义耳全集，面对层出不穷的研究成果，亨特甚至发出了“关于波义耳我们还能说些什么”的感叹。

20世纪科学史研究具有充分的专业化特征，卡尔·萨根特梳理了波义耳实验哲学对经验的培根式的理解和运用；鲁伯特·霍尔、玛丽·博阿斯·霍尔详尽讨论了伽利略和波义耳的“微粒说”、笛卡尔和波义耳的“机械论”，梳理了伽森狄原子说和比克曼的“炼金术微粒理论”，斯宾诺莎和莱布尼茨也牵涉相关争论。佩格尔、拉坦西、拉维茨、狄博斯、多布斯寻找近代实验哲学，异质于亚里士多德“物理学”自然哲学传统，异于机械论－数学方法的近代力学传统，乃至形成了与柯瓦雷以物理学为中心的“科学观念史”相拮抗的“化学论哲学”的科学史研究。

国内学界引介西方科学史研究的著作，从20世纪最后十年才逐渐起步，首先引介的是萨顿、柯瓦雷、巴特菲尔德等先驱，以及科学史专业化拓展的学术成果。后来，内史－外史争论、科学思想史和科学社会学的旨趣，以及不断涌现的多元视角与研究兴趣让人目不暇接。然而，浩渺的近代文献与历史实事亟需有人“阅读”，亲近科学经典与历史文化肌体是推进汉语思想与学术的必由之路。

通向历史实事的道路崎岖，必须穿越以逻辑实证主义哲学为代表的各种专为保存科学而设的“概念丛林”才能抵达。近代科学各种“实质内容”向来都是和盘托出、公之于众的，然而人们却常止步于概念性的抽象理解，行百里半九十地“买椟还珠”。概念具有“普遍化”的功能，这种总体形式化利于将世界作为对象“动员”起来，却未必能推进走近科学的“(历史的) 存在”。本书正文第一章第一节介绍 20 世纪末关于波义耳自然哲学的一场“学术争论”，对波义耳实验哲学的实证主义解释进行了批驳。类似争论在“科学哲学”学术的名义下早已穷其枝节，屡次翻新。本书并非要卷入辩论，去分个对错，而是希望找到“路口”，摸索转向历史实事的门径。

波义耳“空气泵实验”以批驳亚里士多德主义自然哲学的问题意识展开，他拒绝经院式的繁琐思辨，而强调基于自然现象和性质的忠实观察和理智解释，建构新科学的知识文本与话语；作为解释性“假说”，科学“理论”向感性经验展开，不限于“理念-分有”的本体论架构，拥有更加多样的经验意义；将炼金术与神秘思想相剥离，基于“微粒论假说”解释炼金术实验现象，驳斥亚里士多德形而上学的“质形论”，重构“元素”概念，开创了现代化学。波义耳的“理论—假说”的研究方法成为牛顿自然哲学研究的基础方法论，牛顿反复强调自然研究中“假说”区别于形而上学“理论”的意义，奠定了实验科学的方法论基础；在近代自然学术的外围，常被划归于“外在于知识本身”的社会文化问题，在波义耳的思想中也占据重要地位。波义耳以“自然哲学的用处”为题，讨论自然学术参与社会文化建构的各种维度；阐述自然研究和自然知识的神学意义，即“发现自然中的造物主智慧，并以此敬拜上帝”。这对于近代科学的确定，甚至比内在的自然研究和知识更为重要。

时下，中国人已饱尝现代科学技术，然而，中国人对科学以及现代化的理解更多来自作为“物”的技术，或社会生产实践；一面是技术产品实用性的体验、认可和追求的经验，一面是技术产品生产的组织或工业化经验。由于中国近代化的“受激发”特征以及“时间差”，中国人难以仅仅基于自身传统而确认科学的内在价值，而更多地通过“观念”“价值”“规则”对科学进行概念性把握，这总是隔膜一层。朝向近代自然哲学的历史实事，或许才是以“物物，而不物于物”的灵性领驭科学之事的通途。

目　录

第一章 绪 论

第一节 问题提出

一、波义耳微粒论与实验是否相关

20世纪后半叶，科学史研究取得空前进展，通常教科书意义上17世纪的重要科学人物都得到成规模的研究，另一些不太为人熟悉的人物思想研究，织密了近代科学文化的具体性。关于罗伯特·波义耳，则形成了所谓“波义耳产业”（Boyle Industry）。世纪末，迈克尔·亨特（Michael Hunter）甚至问道：“对于波义耳，我们还有什么可以多说?”但这并不意味着已无话可说，而是返回式地总结了20世纪的波义耳研究。在科学哲学方面，世纪之交，因不同的学术背景与研究视角，一些学者就“波义耳微粒论是否是严格意义上的机械论、是否具有经验内容、是否得到实验支持”等问题展开争论：[①]

阿兰·查尔默斯（Alan Chalmers）在《缺乏优势的波义耳机械哲学》（1993）中认为，由于缺乏经验内容，波义耳微粒论与逍遥学派自然学说相比，并不更具优势：“波义耳的科学成就与其说是得到机械论的帮助，不如说经受住了机械论的干扰。”[②]

---

① 在波义耳的用法中，微粒论、微粒哲学、机械哲学几乎是同义语。

② Allen Chalmers. The Lack of Excellency of Boyle's Mechanical Philosophy [J]. Studies in History and Philosophy of Science，1993（24）：541—564.

安德鲁·派尔（Andrew Pyle）认为查尔默斯“机械论要么无关于科学，要么有害于科学”的“冗余论题”（the redundant thesis）不合乎历史实际。派尔强调，微粒假说作为“中间假说”的类似于弗朗西斯·培根“回溯式说明”的经验方法，参与并引导了实验研究的过程。波义耳曾说，“自然的次级原因（subordinate causes）有助于对更一般原因的进一步研究”[①]，所谓“次级原因”是指并不一定非要追到某种形而上学的极致而是体现在现象之中，属于一种可辨别的原因。解释现象的那些“中间假说”虽然不能还原为微粒层次的机制并通过经验的检验，但也对实验现象提供了良好的解释。比如，虽然波义耳没给出“空气弹性”在微粒层次的“机械原因”，但在“空气弹性”假说中很好地解释了空气重量和压力现象，使得对这些现象的解释摆脱了逍遥学派的“自然畏惧真空”学说的抽象理论。[②] 彼得·安斯提（Peter Anstey）强调，即使波义耳的机械论哲学与其持续的科学探索之间不具有逻辑性的关联，也具有驱动实验探索的“启发式结构”（heuristic structure），即遵循机械论的视角有利于发现或解释新现象。[③]

查尔默斯辩解道：“并非分不清严格的和较弱意义的机械论，只是想强调，波义耳的实验科学并未得益于，也未有助于严格意义上的机械哲学。”[④] 将科学视为命题系统，坚持实验科学与形而上学的区分，为辩护知识的合理性，实验必然只属于“发现的范围”。那么，波义耳微粒论对实验研究的引导、启发或者混淆、扰乱，均只属于不可捉摸的“发现的心理学”。由此看来，查尔默斯的立足点是“理论优位”的科学哲学传统。[⑤] 他的观点建立在这样的推理上：形而上学或哲学命题无助于，甚至也不能真正妨害经验命题的真理性（被证实）或合理性（可证实或可证伪）；因此波义耳的微粒论对于实验研究是一种“冗余”或累赘。他认为“（波义耳）是反对旧哲学的、实验科学的重要先

---

① Thomas Birch. The Works of Honourable Robert Boyle [G]. London: J. & F. Rivington, 1772, Georg Olms Hildesheimeim reprinted in Germany, 1965 (1): 308.

② Andrew Pyle. Boyle on Science and the Mechanical Philosophy: A Reply to Chalmers [J]. Studies in History and Philosophy of Science Part A, 2002 (1): 175—190.

③ Peter Anstey. Robert Boyle and the Heuristic Value of Mechanism [J]. Studies in History and Philosophy of Science Part A, 2002 (1): 164, 166.

④ Alen Chalmers. The Lack of Excellency of Boyle's Mechanical Philosophy [J]. Studies in History and Philosophy of Science, 2002 (24): 541—564.

⑤ 理论对于实验哲学的意义参见：袁江洋. 重构科学发现的概念框架 [J]. 科学文化评论，2012 (4): 63, 70.

驱，但却不是基于实验对原子论版本机械哲学进行辩护的成功例子”①。

无论如何，实验研究本身至少应保持某种系统性。形而上学理论对实验的引导和启发，正是构成“实验哲学”系统研究的关键因素。波义耳回击那些批评实验哲学的人：“他们发现指责所谓实验论文比写出它们更容易，就指责那些他们不写作也不思考的任何事情，想由此获得明智而正确的称号。”②“实验论文”是波义耳在前人基础上总结创造的一种报告自然研究和思考的文体，类似于法文的“essay”。“新科学”的首要目的是建立新方法、扩展新知识，以反对经院学术。作为 17 世纪重要的机械论者和实验哲学家，波义耳将其研究命名为“实验的自然哲学”（experimental physiology）。③

“实验哲学”并不是一套归纳主义的研究程序，假说在其中扮演了重要角色。微粒假说不是相对于“观察现象”的“理论命题”（theoretical proposition），而是引导实验研究、运用于现象解释的“预设”或“假说”；在 17 世纪的语境中，波义耳认为，将事物视为机械原因的结果，比把事物看作“形式”与“质料”相结合而有等级的存在者，在解释事物的性质和现象方面，更明晰，更富有成果，这在后文中将得到详细说明。

二、实验不仅是“感性见证”

史蒂文·夏平（Steven Shappin）对波义耳的“空气泵实验”作了社会学的建构论解读。因为，科学实验在其历史源头若能得到社会学解释，便能极大程度上说明社会学研究的成效及其运用于科学史的合理性。夏平认为，“空气泵实验”为确立“事实”的实验方法的典范，为 17 世纪英国社会达成秩序和共识提供一种途径。因此，“实验方法”确立不是因为默认的研究规范的方法论合理性，而是因为社会语境中，皇家学会对“实验”研究党同伐异地维护。实验方法取得相对于理性分析的优势的原因是，与实验方法相应的政治主张战胜了与理性决断相应的政治主张。这最显著地体现在波义耳和霍布斯（Thomas Hobbes）自然哲学政治意义的对垒之中。

夏平认为，在霍布斯看来感觉意见是纷争的根源，只有理性的决断才能产

---

① Alan Chalmers. The Scientist's Atom and the Philosopher's Stone [M]. Dordrecht; New York: Springer, 2009: 99.

② Thomas Birch. The Works of Honourable Robert Boyle [G]. London: J. & F. Rivington, 1772, Georg Olms Hildesheimeim reprinted in Germany, 1965 (1): 299.

③ Thomas Birch. The Works of Honourable Robert Boyle [G]. London: J. & F. Rivington, 1772, Georg Olms Hildesheimeim reprinted in Germany, 1965 (3): 2.

生共识；而对早期皇家学会和波义耳而言，公共见证才能达成共识，“秘术士”的私人经验、狂热者的私人判断和“现代教义论者”的理性独断都不利于产生共识。实验室“活动模式”的合理性需要在更广泛的社会中找寻理由。用“生活形式”比喻“实验”方法的社会性来源，空气泵实验就是对“感性见证确立事实”的实验方法的示范。实际上，实验方法在17世纪被广泛接受，即使是以理论体系著称的笛卡尔，在光学、力学方面的实验研究也很广泛。波义耳认同笛卡尔的机械论，但不同意笛卡尔的现象解释，他在空气泵实验中研究笛卡尔所谓“以太”或精微物质可能的效应，以此检测笛卡尔的“以太”是否存在。

据夏平的分析，“空气泵实验”对于波义耳的意义仅仅是“举例说明一种可行的科学知识哲学”。这种不关注“空气泵实验”整体的理论预设、目的、设计、内容和进展，脱离历史语境的研究受到众多的批评。卡桑德拉·平林克（Cassandra Pinnick）指出，夏平所谓霍布斯与波义耳自然哲学的对立形象是虚构的，霍布斯不仅重视“证明的知识”，也重视非证明的“创造”的价值。[①]迈克·亨特认为，夏平将政治考虑作为唯一因素解释实验，忽略了神学等其他重要原因。[②]

“理论优位”的科学哲学与社会学的建构论的“实验解释”处于两个极端：前者维护知识的合理性，用逻辑分析为之辩护；后者则倾向于抛弃或搁置知识的内在真理性，用社会学解释予以替代。但两者却有共同的迷误：仅将实验视为获得经验事实的方式。

“实证主义”拒斥形而上学，要为科学划界。逻辑实证主义在“证明的语境”中，为“知识”命题设立语义规范和逻辑标准。但是，近代科学的研究方法在18世纪启蒙运动，即“牛顿科学”流行于欧洲大陆之后，才在现代科学中成为主流；“科学”一语在19世纪才被普遍接受。文艺复兴以降的“新科学”必须要面对这些“自然哲学”的问题和形而上学理论，而且正是在这些新的或复兴的形而上学传统中得以进展。

以“空气泵实验”为例：教会人士莱纳斯（Linus）依据逍遥学派自然哲学构想某种“索状物”拉住汞柱，反对空气弹性和真空；霍布斯机械论的充满

---

① 诺里塔·克瑞杰. 沙滩上的房子［M］// 卡桑德拉·平林克. 强纲领的“霍布斯—波义耳”之争的案例分析错在哪里？南京：南京大学出版社，2003：364—365.

② Michael Hunter. Robert Boyle: Scrupulosity and Science [M]. Woodbridge: Boydell Press，2000：9.

论哲学用“简单圆周运动”和空气的“意动”解释压力，质疑波义耳实验的有效性。波义耳在“真空存在”的形而上学预设下，用“空气弹性”假说对空气的重量和弹性的效应做出机械解释。

实验不仅属于“证明的语境”，同样属于“发现的语境”。“新科学”搁置逍遥学派自然学说和神学的权威性，对自然现象展开独立而自由的经验研究。离开那些尚不能被经验直接检测的假说，实验甚至不能对现象做出前后一致的解释。实验总是在与假说的互动中开展，形而上学预设和假说不是科学研究的“冗余”。所以，实验研究不仅提供“中立观察”或“被给予”的数据，以及选择最能覆盖经验的“优良理论”的筛选程序；从仪器、实验、现象、事实、解释、假说、理论，直到背后的形而上学理念，各个层面都是“新科学”的生长点。

波义耳的“实验哲学”不能简化为“感性见证确立事实”的“生活形式”；不仅仅是达成共识的方法论程序，而且是探索自然现象，对现象进行机械解释的系统研究。“空气泵实验”面对逍遥学派、原子论、笛卡尔学派之间的形而上学争论。波义耳的实验哲学不涉及纯粹的理论争议，他一方面批判经院哲学方法和自然理论，另一方面通过实验哲学建立新理论。只有全面分析空气泵实验的系统，考察实验的理论预设、假说、进展、对现象的解释等，才能理解“空气泵实验”的完整意义。

三、实验研究的统一性

探寻波义耳微粒论与实验之间的关联，需要理清“实验哲学”是如何由形而上学、假说、经验等组织起来的。这种科学史研究能显示“证明的语境”中关于合理性标准的争论的限度：即逻辑分析何种程度上能加深关于知识的理解；在何种程度上会伤害到对知识的健全直觉，以至于不能赋予“科学”任何内涵。波义耳自然哲学在机械论、化学理论、实验等方面都具有划时代的卓越性。全面理解他的实验及其哲学，有助于揭示“实验传统”或实验方法的意义。波义耳有代表性的三类实验系统是：空气泵实验、炼金术－化学实验、事物“性质”研究实验。

“空气泵实验”以真空检测、空气的弹性和重量的原因和效应为研究对象。在真空预设之下对空气弹性进行机械论解释。用实验反驳逍遥学派、霍布斯的充满论解释，以及笛卡尔学派的以太等。

基于广泛的化学实验，批判逍遥学派的元素论和医药化学家们的要素论，提出“元素”概念的微粒论解释；批判“实体形式”学说，发展机械论的“性质”理论。

受培根影响，对事物“形式”如冷热、颜色、电、磁等等进行广泛研究，探索微粒论解释，并丰富了微粒论。

三类实验体系研究领域不同：如“空气泵实验”属于真空研究或空气研究(Pneumatic)，这个源于古希腊语的词显示了波义耳自然哲学与古典哲学的联系；炼金术－化学实验探索物体性质的机械原因，建立微粒论的物质理论；事物性质研究对广泛的自然现象做出机械解释。

三类实验体系在实验哲学研究计划中的次序不同：“空气泵实验”辩难各种学说，属于微粒论的初期实验探索；化学实验是波义耳微粒论的“基础”，在此基础上构建微粒论的具体理论；研究事物性质的实验则是微粒论哲学的拓展和运用，又丰富了微粒论的具体理论内容。

三类实验体系中，“理论预设”“假说”与“实验”的关系不尽相同：比如，《怀疑的化学家》中大量的实验例证由对要素论的驳难组织起来，指示出微粒假说的可能性，但未深入分析实验现象，属于“辩驳理论”的实验体系；再如“硝石复原”实验中用微粒的运动、大小、形状和排列等机械原则解释现象，显示元素论的解释不仅不充分而且不必要，阐释了微粒论的性质理论，属于“阐述理论”的实验体系。

正如安德鲁·派尔所说，实验系统可能既不遵循、也不违反命题逻辑的辩护程序。假说将实验研究联结起来，在实验进行过程中起到不同的作用，如作为“预设”、作为“论点”、作为“解释理论”。这将在后文做详细分析。

系统化的实验贯穿着波义耳拒斥“实体形式”、寻求对自然作机械解释的“机械论哲学”，贯穿着微粒学说的理论探索。如空气泵实验对“自然害怕真空”的驳斥和对空气弹性的确认；《怀疑的化学家》中质疑炼金术“火”分析得到产物的单纯性，提出微粒论假说，尝试用化学实验说明“微粒”的层级，即从最小微粒、不同排列的各级微粒团，直至具有确定性质的事物类别。研究波义耳微粒论与实验的关系，需要关注：

1. 实验系统分为哪些类型？实验如何设计？实验系统之间有何不同？

2. 微粒哲学在不同时期是否有变化？微粒论与实验关系如何？实验如何校正或检测理论？

第二节 研究意义

一、史学关切

波义耳在17世纪实验科学、机械论哲学、炼金术－化学史上占有特殊的重要地位，20世纪后半叶，“波义耳研究”更是成为科学史研究的一个焦点。

乔治·萨顿（George Sarton）在《科学史研究》中给出了实证主义科学史的史学理论：“定义：科学是系统的、实证的知识，或在不同时代、不同地方得到的，被认为是这样的东西。定理：这些实证知识的获得和系统化，是人类唯一真正具有积累性和进步性的活动。推论：科学史是唯一能体现人类进步的历史。事实上，这种进步在其他任何领域都不如在科学领域那么确切、那么无可怀疑。”① 因此，他把不符合实证知识标准的学说排除在外，例如盖伦的生理学就被萨顿视为荒谬的空谈。

“科学革命”概念得益于托马斯·库恩（Thomas Kuhn）和亚历山大·柯瓦雷（Alexander Koylé）对实证主义科学哲学和科学史的有力挑战。库恩指出科学史不应是“科学轶事和年表的积累”，“什么是科学”的问题包含历史维度，“科学革命”前后存在迥然相异的科学观。② 柯瓦雷认为“科学思想的演化……不是自成一体，而是恰恰相反，非常紧密地与超科学的思想、哲学、形而上学、宗教的思想相联系”。他主张“把握科学思想在其创造性活动的过程本身中的历程。……同样根本的是要在科学思想的历史中纳入该思想理解自身以及它与先前思想和同时代思想之关系的方式。……人们应该以研究成功那样以同等的精力研究错误和失败。”柯瓦雷指出“哲学倾向对于科学理论的影响”，论述17世纪柏拉图主义思潮使和谐宇宙（Cosmos）的概念解体与空间几何化（geometrization）对伽利略自然哲学的影响。③ 以“伽利略研究”为代表，柯瓦雷着重对力学和运动学的时间、空间等概念进行思想史研究。但是，

---

① George Sarton. The Study of the History of Science [M]. Cambridge; Mass: Harvard University Press，1936：5. 转引自袁江洋. 科学史的向度 [M]. 武汉：湖北教育出版社，2003：10.

② 托马斯·库恩. 科学革命的结构 [M]. 金吾伦，胡新和，译，北京：北京大学出版社，2003：1，4.

③ 吴国盛编. 科学思想史指南 [M]. 成都：四川教育出版社，1994：131，134.

实际上“科学思想”被局限为“自然概念”，比如波义耳、牛顿的炼金术实验就被柯瓦雷视为与他们的科学思想无关。[①] 科学不能还原为观念，其“非观念”因素，尤其是实验研究的贡献并未获得思想史解释。

社会建构论以科学哲学的“先验辩护”为标靶，主张社会发生学研究，揭示知识产生中社会因素的隐秘作用：将知识作为社会现象，对其做出“科学的”研究和“因果解释”，以代替自说自话的合理性辩护。社会建构论悬置逻辑分析的有效性，却为科学预设了一种平均的、观念化的“社会性”。但是，科学社会建制的历史和现实显示，科学不是一种盲目的社会活动现象。波义耳不是某种在理念上的社会“原初状态”中，平白地树立起自然哲学的。正如迈克尔·亨特指出的那样，波义耳作为培根主义者、唯意志神论基督徒、机械论者，他所面对的社会文化、思想观念、自然哲学、研究方法等因素中，“社会因素”，即夏平所谓社会秩序问题的考量，并不更为基本。

人类求知内在的历史统一性，社会“因果解释”无法回应；同时，这种内在统一性也不是由科学哲学的先验论证给出的，反过来，它却是逻辑辩护、社会建制、“发生学解释”得以可能的前提。在这一点上，柯瓦雷无疑是正确的。大卫·布鲁尔（David Bloor）说：“社会学家所关注的是包括科学知识在内的、纯粹作为一种自然现象而存在的知识。”[②] 平均的社会属性掩盖了科学的内在统一性。“科学知识社会学”如布鲁尔所说，是一种“经验主义的自然主义”研究，争得了对科学和知识进行研究的社会学领地；但与命题逻辑的“合理性重建”相比，社会学研究没有特殊的优先性。夏平描述的“实验室生活方式的辩护者”的波义耳形象，是一种对“实验哲学”的外在论解释，无助于理解波义耳自然哲学之于科学革命的内在意义。

文艺复兴时期以降，自然哲学逐步摆脱了逍遥学派思辨理论和三段论研究方法的权威统治；各种“自由研究”注重对自然进行经验研究。实验方法在17世纪受到更为广泛的认同，即便笛卡尔（Rene Descartes）、帕斯卡（Blaise Pascal）等人以理论著称、不从事系统实验，也都很重视实验研究。波义耳追随培根的“新科学”，探讨自然神学解决人类求知活动的神学意义，清除神学对科学的禁锢；波义耳作为英国皇家学会的创始人之一，他的自然哲学影响和塑造了皇家学会的研究氛围。

波义耳的空气泵实验，化学或炼金术实验，热、光、磁等现象的事物性质

---

① 袁江洋. 科学史的向度［M］. 武汉：湖北教育出版社，2003：41.

② 大卫·布鲁尔. 知识和社会意象［M］. 艾彦，译，北京：东方出版社，2001：4.

研究实验，在广度、方法、系统性方面，都堪称17世纪实验研究的先锋与典范。波义耳注重对事物和现象的经验考察和实验研究，探索机械解释，又在构建理论体系方面十分谨慎。波义耳的实验哲学产生了深远而重大的影响，莱布尼茨评价波义耳经验研究过分谨慎，以至于没有得出系统性的自然理论。牛顿深受波义耳实验哲学的影响，大体继承了波义耳“微粒论”的物质理论；斯宾诺莎密切关注空气泵实验并对实验方法和细节做出评论；可见“实验”作为一种研究自然的有效方法实际上已经得到广泛的认识和接受。

从理论上看，波义耳在17世纪的机械论者中别具一格。笛卡尔提出“运动”与“广延”的机械原则，取代逍遥学派的“形式－质料”学说，建立起关于自然的思辨机械理论。伽森狄（Pierre Gasendi）复兴了古希腊原子论，消去了原子论的无神论色彩，将其基督教化，用原子和虚空解释自然现象。波义耳批驳逍遥学派关于自然的目的论等级形而上学、“实体形式”学说对自然现象的解释，接受伽森狄的原子论思想，基于实验、尤其是炼金术实验，形成了自己独特的“微粒哲学”（corpuscular philosophy）。关于伽森狄对波义耳的影响，安托利奥·克莱里库乔（Antonio Clericuzio）有专著论述，但实际上波义耳还将微粒论追溯至更久远的古代文化中。微粒论致力于用物质微粒的大小、形状、运动和结构等机械属性解释现象，故而是一种机械论哲学。

科学思想史学派提出“科学革命”的概念，认定“自然的数学化”（geometrization of nature）是科学革命的主线，即从哥白尼（Nicolaus Copernicus）始，经开普勒（Johannes Kepler）、伽利略（Galileo Galilei）、笛卡尔，到牛顿，而把炼金术、占星术、自然法术排除在科学革命的视野之外，比如柯瓦雷从不提及牛顿的炼金术、帕拉塞尔苏斯（Paracelsus）和赫尔蒙特（Vam Helmont）的神秘主义。① 20世纪50年代以后的科学史研究，逐渐突破“自然观念”革命的标准科学革命概念，出现了对“科学革命”的非标准解释，其支持者主要是佩格尔（Walter Pagel）、狄博斯（Allen G. Debus）、拉坦西（P. M. Ratanssi）等研究化学史的学者。相对柯瓦雷所注重物理学史、力学史，这些学者重视化学史、实验或“自然法术”，推崇科学史的“化学论哲学”。他们认为在冲破亚里士多德主义权威、建立新科学的“科学革命”中，炼金术的宇宙统一思想和“自然法术”的实验传统，与“自然数学化”数理传统的贡献同样重大。在“化学论哲学”的历史视野中，文艺复兴以来科学中的

---

① 艾伦·G·狄博斯. 科学与历史——一个化学论者的评价 [M]. 任定成，译. 石家庄：河北科学技术出版社，2000：46.

“实验传统”得到重新解释，吉尔伯特（William Gilbert）、帕拉塞尔苏斯、赫尔蒙特等实验家得到重新评价。研究波义耳微粒论和实验，正确理解它们之间的关系，有助于理解波义耳自然哲学的整体性质，理解他对于近代科学的贡献，丰富对科学革命历史的认知。

二、哲学关切

理论优位的科学哲学严格区分“理论”与“观察”的知识论和方法论意义，意图建立理论确证的逻辑标准，将不符合意义标准的学说从科学中清理出去。[①] 这种对知识命题的“语义上行”［semantic ascent，蒯因（W. V. Quine）语］研究方式，分析知识命题或研究方法的逻辑形式，对知识合理性给出了形式化的定义。20 世纪初，逻辑实证主义哲学划定了“理论优位的科学哲学”的基本问题和思路：对命题结构和研究方法进行逻辑分析，辩护科学知识的合理性。来自内部的批评使其学说得到不断修正。为更好地适应科学知识的多样性，保持逻辑标准的适当弹性，经验命题“合理化”标准应该给出更宽松的定义：卡尔纳普（Rudolf Carnap）的“实证原则”到石里克（Moritz Schlick）“可证实”的意义原则，乃至“可检验”“可确认”“可证伪”等。除了理论确证，所谓正统的科学哲学还给出了种种关于科学解释、推理、说明的“标准理论”。

但是，科学哲学的理论基础并不完美，纯粹的观察被看作检验理论效力的逻辑保证，因此观察不能掺杂理论，否则就会因循环论证而丧失检验理论的逻辑效力；建基于其上的解释、推理、说明的逻辑标准也将随之一并失效。实际上，科学研究中又难找纯粹的观察，而一些符合直观的知识、推理、解释、说明又被排除在外。“科学哲学”一直伴随着不同意见，如实用主义、费耶阿本德（Paul Feyerabend）的“无政府主义”等。科学的社会建构论不仅否认对知识合理性的“先验解释”，甚至否认任何可能的“内在解释”；大卫·布鲁尔标榜一种“自然主义”，限于用社会因素等对知识产生作“因果解释”，倾向于否认知识的真理性问题。

固然，相对主义观点否认不了知识命题的逻辑性，科学命题和研究方法总体上是合乎理性的，至少是内在一致的，而非社会因素强力维持的结果。但是，命题分析也不能替代对科学合理性的全面思考，科学的合理性不等于命题

---

① “理论优位的科学哲学”是对科学理论的确认、理论对经验的解释、科学说明等进行形式化分析的研究进路。

层面的、形式的合理性。知识可能不被表述为命题，如迈克尔·波兰尼（Michael Polanyi）所谓“默会知识”，就提示了广义的知识不必然与语言相关。

尤其，实验不能被简单归为“发现的语境”，分析和还原为经验逻辑的合理性。通过形式化分析对科学的辩护既不是充分的，也不是唯一可能的。为命题知识或方法论的逻辑合理性辩护，并不是相关科学唯一的，也不是最紧要的哲学关切。作为一种“语义下行”（semantic descent）的研究方案，科学史追问内在的、历史性的科学合理性，追问知识的内在历程。实验不仅属于搜集经验素材或“中立观察”的“发现的语境”，它作为一种研究传统，延续、变迁、进步，并最终成为近代科学方法的内在部分。17 世纪，近代科学的各学科领域和具体理论尚未确立，“新科学”不满于亚里士多德学派自然哲学体系。这一时期的自然哲学在形而上学理论如新柏拉图主义、原子论哲学、笛卡尔的机械论思想等的指导下，质疑经院自然哲学，开拓新科学的研究方法和领域。“自由研究”冲破教会神学对自然学说的垄断得到蓬勃发展。

17 世纪自然哲学涉及对方法问题的仔细讨论，比如培根主义和笛卡尔主义、牛顿（Isaac Newton）和莱布尼茨（G. W. Leibniz）之间的争论。“实验”的意义不在于一种“经验主义”程序，以实验研究为基础，将各种形而上学理论运用于对自然现象的解释中，由此，“实验”成为近代科学的核心方法。

第三节 研究计划

一、关于实验选取和“实验系统”的说明

波义耳一生发表了四十多部著作，存留了大量的手稿和实验记录。托马斯·波奇（Thomay Birch）编订的六卷本《波义耳著作集》中包含大量的实验论文，涉及波义耳实验的全部领域。

波义耳终身从事化学或炼金术研究，其气体弹性实验受伽利略、托里拆利、帕斯卡等人的影响，对自然现象和事物性质的广泛研究和机械解释明显受到培根的深刻影响。

波义耳在不同阶段的实验可分为三大部分，即（1）“空气泵实验”；（2）炼金术-化学实验；（3）解释事物“性质”的实验。探讨各部分实验之间的联系，可揭示他实验哲学的特色及其与微粒论的关系。第三类实验范围广泛，属

于微粒论运用于现象解释的研究。

本书选取波义耳自然哲学中具有“支点”或“节点”意义的典型实验，考察前两类中的“空气泵实验”、早年的化学实验及“硝石复原”实验。首先列举主要的实验著作。

（一）空气泵实验

1. 相关主要文献[①]

（1）《物理力学新实验，关于空气弹性及其效应》（1660）

（2）《对空气重量和弹性原则的辩护，回应莱纳斯的反对》（1662）

（3）《反思霍布斯〈物理学对话〉，涉及波义耳的气体弹性新实验》（1662）

（4）《续物理力学新实验，研究空气的弹性、重量及效应》（1669）

（5）《续物理力学新实验，研究空气的弹性、重量及效应》（第二部分）（1671）

2. 真空检测、空气研究与微粒哲学

波义耳用空气泵设计了研究空气弹性、压力的各型实验，也在抽空容器中做了燃烧及其烟雾、热、声音、磁性，小动物的飞行和呼吸等各色实验。这些实验发表为《空气泵新实验》（1660）、《空气泵新实验续》（1669）和《空气泵新实验续之二》（1671）。《空气泵新实验续之二》中是一些实用性较强的探索性实验，除此之外，还有很多关于空气和空气泵的不成系统的个别实验。《空气泵新实验》和《空气泵新实验续》中 93 个实验的系统研究，是波义耳此后空气研究的基础。

（二）炼金术一化学实验

1. 相关主要文献

（1）《怀疑的化学家》（*Sceptical Chemist*，1661）

（2）《形式与性质的起源》（*Forms and Qualities*，1666）[②]

（3）《一些自然研究论文》（*Certain Physiological Essays*，1661）

---

① 这些文献均来自 Robert Boyle. The Works of Honourable Boyle [G]. Thomas Birch. London: J. & F. Rivington, 1772, Georg Olms Hildesheimeim reprinted in Germany, 1965. 并注明首次出版年份、在文集中的卷号和页码。

② 波义耳经常使用“origin”一词，精确地，当涉及抽象观念的 origin，译为“起源”较好；而涉及具体的现象或性质的 origin，译为“根源”或“来源”较妥。为强调对应关系，都译为“起源”，特说明。

2. 炼金术—化学实验与微粒论的建立

波义耳早年做了大量炼金术—化学研究，而且终生不懈。但波义的微粒论受到的炼金术的影响一直含糊不清。20 世纪末，劳伦斯·普林西比（Lawrence Principe）、威廉·纽曼（William R. Newman）等学者逐渐在二者之间架起桥梁。波义耳相信炼金术中保存着上帝创世的神秘知识；万物的根基是上帝最初创造的同一物质，上帝使物质运动，物质碰撞的碎片组合成微粒，微粒进一步构成万物。尽管波义耳微粒论的“机械论原则”来自原子论和笛卡尔学派，但源于炼金术、关于宇宙统一规律的信念，以及对上帝的“理智膜拜”则是波义耳微粒论更深层次的动机。

在《怀疑的化学家》中，波义耳质疑亚里士多德学派的“四元素说”和化学家们的“要素论”，提出微粒论假说。《形式与性质的起源》对微粒论解释物体“性质”的原理做出了系统阐述。

（三）研究现象和事物性质的实验

1. 相关主要文献

（1）《关于颜色的实验和思考》（*Experiments and Considerations Touching Colours*，1664）

（2）《关于冷的新实验和观察》（*Experiments Touching Cold*，1665）

（3）《关于奇妙的精微物质、巨大的效能和流射的确定性质》（*Essays of Strange Subtilty, Great Efficacy, and Determinate Nature of Effluviums*，1673）

（4）《特别性质的机械起源》（*Experiments, Notes, &c. About Mechanical Origin or Production of Divers Particular Qualities*，1675）

2. “性质”研究与微粒论

培根主张对自然事物的诸多“形式”（form）进行经验考察和实验研究，培根用“形式”这个术语，实际上是指事物的现象或性质。波义耳研究自然事物的性质受到培根的影响，但他更强调对经院学术解释为物体的“实体形式”或“隐秘性质”的经验性质做出机械解释，有目的地拓展机械论哲学或微粒论的运用，使微粒论在适用更多实例的过程中得到更多的支持。在机械微粒论原则之下，这类实验对事物属性和实验现象进行解释，研究颜色、冷热、电、等诸多“性质”。实验考察丰富了微粒层级理论，提出孔洞（pore）和流射（effluvium）等微粒的机械机制（contrivance）来解释性质。

波义耳的实验论文不是简单的经验数据报告，实验论文显示了实验的目的、设计和进展。“实验哲学”中各个“实验系统”也不是孤立的；每一“实验系统”或实验序列的目的，不是确立或检验某一理论命题，比如，“硝石复原”实验不是探索或验证关于硝石的具体知识或实证性质，而是用微粒论解释实验中现象和性质的变化。各个“实验系统”在“微粒论”的引导下联结成自然哲学体系。

三类主要实验从不同方面、以不同的方式支持实验哲学。这几类中，以空气泵实验影响最大，而化学实验数量最多。事物“性质研究”的实验探索性较强，主要是微粒论的运用。因此，我们主要选取“空气泵实验”的实验系统、《怀疑的化学家》中批判要素论提出微粒论的实验系统、以及《形式与性质的起源》中阐明微粒论的“硝石复原”实验系统；通过对上述三个实验系统的研究探讨波义耳微粒论与实验之间的联系，揭示波义耳实验哲学的研究方法。

所谓“实验系统”“实验体系”“系统实验”，不是指检测知识命题的“经验逻辑”系统。某些实验对命题有检测作用（证实或证伪），但实验整体却不是按照逻辑线索联结起来的。一组实验，有时仅属于同一研究领域（如研究事物某类“性质”的实验包含广泛的自然现象）；有时围绕某问题而展开（如批判要素学说的化学实验）；有时则应用同一理论实验解释（如对“硝石复原”实验现象做出微粒论解释）。在上述这些情形中，实验之间没有明确的“命题逻辑”关系。这些实验却在预设、目的等方面一致，存在内在的关联，可以称之为“系统实验”。

经过编纂和解释，形成“实验论文”，这些实验就成为能够解释现象、支持或反对理论的“实验系统”。实验系统的方法论意义可以是多元的，不限于经验命题的“证明的语境”。波义耳区分的“假说”和“事实”，与 20 世纪科学哲学中的区分“理论”与“观察”意义迥然不同。波义耳的微粒论是解释现象的“假说”，而不是期待检验的“理论命题”。波义耳反对亚里士多德自然学说是为了发展机械论的自然解释，与拒斥形而上学的实证主义思潮有不同的旨趣。

二、研究方案和目标

第一章概述问题的提出、研究计划和研究计划。展开波义耳的“微粒论”“实验”及二者之间关联的讨论之前，首先要描述波义耳的学术生平，身后的影响、关于他的历史和哲学研究的兴衰；还需要介绍与波义耳同时代的相关自然哲学家。

第二章介绍波义耳的学术生平，叙述其文化和社会背景；梳理西方学术语境中所谓“波义耳研究”，尤其是20世纪科学哲学分化之后及科学史学科兴起以来，对波义耳机械哲学或微粒论、化学或炼金术、实验哲学及其方法、科学写作等，不同视角或路径的研究；还对波义耳自然哲学的渊源，以及笛卡尔、伽森狄等人自然哲学的主要理论进行了简要概述。

第三章和第四章分析波义耳的实验。介绍波义耳“实验的自然哲学”的整体情形之后，选取不同类型的典型实验体系做出分析：选取“空气泵实验”作为“探索－检测型实验系统”的典型，选取《怀疑的化学家》中众多化学实验作为“论辩型实验系统”的典型，选取“硝石复原实验”作为“解释－阐述型实验系统”的典型。对实验系统的不同“类型”不追求周延的逻辑划分，只是阐明实验与理论之间关系的多样性，指出实验与实验、现象与理论之间并不依循经验归纳、演绎检测、“覆盖律说明”等逻辑程序。相反，实验系统总是基于某些基本“形而上学预设”，在关于现象的假说或理论的引导下展开研究。尽管单个实验或实验现象可以被不同的理论或解释体系引用，但真正具有解释力的是理论组织起来的实验系统，而不是“被见证为事实”的实验现象。

第五章纵向梳理上述三个实验系统与微粒论之间的关联，得出结论：

微粒论并不是逻辑实证主义意义上的理论概念：微粒论假说既不是现象的“总名”，也不是有待于经验的“命题函项”。波义耳的微粒论是机械论自然哲学的一组形而上学预设——真空中的物质和运动，以及相关理论，如“排列”“织构”“孔洞”等。基于微粒论和实验，提出理论对现象和事物性质进行解释，如冷热理论（冷热都是粒子的运动），颜色理论（颜色是光微粒的修正），电磁解释（电、磁是脱离物体的粒子流射），化学性质（微粒的形状和运动适宜相互结合）等。

波义耳的具体解释理论，有的较为成功（比如冷热理论），有的不够精细（比如化学理论），有的在后人看来是一种迷误（比如光或颜色理论）。但是，微粒论和实验哲学包涵了具体理论的改进空间，其总体计划是富有成效的。

波义耳自然哲学以微粒论和实验哲学为核心理念。实验研究在领域、方法论、理论建树和成果等方面都代表着近代“实验科学传统”的新高峰；微粒论的“形而上学架构”很好地协调了机械哲学、经验解释和自然神学关切；微粒论引导“实验的自然哲学”推进了“新科学”理论的建立和经验研究，使其进一步独立于经院哲学目的论自然学说，是“科学革命”中影响深远的坚实一步。

第二章　波义耳自然哲学概观

第一节　波义耳的学术生平

欧洲 17 世纪的宗教、政治、战争和变革，是迈出中世纪，走向现代世界的华章部分。波义耳自然哲学是时代的产儿，梳理他的学术生平、历史和社会背景，是理解波义耳自然哲学的必要步骤。

罗伯特·波义耳（Robert Boyle，1627.2.25—1691.12.31）出生于爱尔兰沃特福德郡，利斯莫尔城堡（Lismore Castle，Waterford）。[①] 16 世纪，英格兰国王开始在爱尔兰征用土地，吸引英格兰和苏格兰移民到爱尔兰农垦和定居，或者说“殖民爱尔兰”。波义耳的父亲理查德·波义耳（Richard Boyle，1566—1643）就是农垦潮中的一员。理查德 1588 年从英格兰到达都柏林，靠农场业起家，获得大量的地产。此后，理查德受封为科克伯爵（Earl of Cork），又被任命为爱尔兰财务大臣（Lord High Treasurer），成为贵族。罗伯特的母亲，凯瑟琳·富尔顿（Catherine Fenton，1682—1629）是当地富商之女，是理查德的第二任妻子，是一位虔诚的基督教徒。

波义耳生平的可信资料主要是根据他的自传——《爱真理者的少年纪事》

① 文中日期，若未注明，均为格里高利历日期。1583—1699 年间，儒略历日期加 10 得出格里高利历日期。

(*An Account of Philaretus during his Minority*)、[①] 罗伯特·麦迪逊(R. E. W. Maddison)的《波义耳先生生平》(*The Life of the Honourable Robert Boyle F. R. S.*)以及托马斯·斯普拉特(Thomas Sprat)的《皇家学会史》。[②]

波义耳一生中,欧洲经历了波澜壮阔的变革。他年少时游历欧洲大陆期间,欧洲各国间以宗教为名的"三十年战争"(1618—1648)正酣。英国国内暴发爱尔兰"反叛";不列颠也暴发了议会党和保皇党的内战。在1642—1649年的内战期间,波义耳居住的斯塔尔布里奇一度被保皇党控制。1658年奥利弗·克伦威尔逝世,护国军政府崩溃;1660年斯图亚特王朝复辟。这一时期,波义耳居住在牛津和伦敦。波义耳亲历"皇家学会"的成立,由他担任这个新科学组织的负责人本是众望所归,但1680年波义耳拒绝宣誓效忠皇室而没有就任"皇家学会主席"。1688年"光荣革命"时,身居伦敦的波义耳的身体状况已很不乐观,尽管仍写作不停,但此时社会氛围和政治时势的变迁对他产生了什么影响,已难以知晓了。

波义耳的学术生平可以分四个时期:童年和欧洲旅行(1627—1644)、斯塔尔布里奇时期(1644—1655)、牛津时期(1656—1688)、伦敦时期(1668—1691)。[③]

一、童年和欧洲旅行(1627—1644)

波义耳三岁时母亲离世,八岁前在爱尔兰利斯莫尔生活;1635年赴英格兰就读著名的伊顿公学,主要学习古典语言和古典著作。1638年10月,波义耳从伊顿公学退学,和哥哥弗朗西斯·波义耳(Francis Boyle)一起,在家庭教师——日内瓦人艾萨克·马尔孔布(Isaac Marcombes)的监护下游学欧洲。

他们渡过英吉利海峡到达法国迪耶普(Dieppe),经鲁昂(Rouen)和巴黎,逗留于里昂(Lyons),后转赴瑞士日内瓦(Geneva)。期间,波义耳在马尔孔布的指导下学习修辞和逻辑、数学、筑城以及地理学。1641年9月向南

---

① 该自传体文章约写作于1648—1649年间,保留下来的部分编入Thomas Birch. The Works of Honourable Robert Boyle [G]. London: J. & F. Rivington, 1772, Georg Olms Hildesheimeim reprinted in Germany, 1965 (1).

② Thomas Sprat. History of the Royal Society of London for the Improving of Natural Knowledge [M]. London, 1667; republished by Kessinger Publishing, 2003.

③ R. E. W. Maddison. The Life of the Honourable Robert Boyle F. R. S. [M]. London: Taylor & Francis, 1969.

进发，经阿尔卑斯山进入意大利，游历贝加莫（Bergamo）、布雷西亚（Brescia）、维罗纳（Verona）和帕多瓦（Padua），然后经威尼斯（Venice）、博洛尼亚（Bologna）、费拉拉（Ferrara），在佛罗伦萨度过冬天。[①]

在佛罗伦萨，波义耳兴趣浓厚地阅读古罗马哲学史家第欧根尼·拉尔修（Diogenes Laertius）的《古代哲学家生平》，一时热衷于斯多亚学派（Stoics），还学习了意大利语和近代历史等。

1642年1月8日，“伟大观星者”（the Great Star-gazer）伽利略在佛罗伦萨辞世，葬礼隆重，轰动一时。此时，波义耳正好在佛罗伦萨，他读到伽利略的著作，对伽利略的先锋观点和被教会放逐的境况印象深刻。[②]

1641年10月，爱尔兰发生反叛；1642年英国暴发内战，波义耳回国行程推迟。1642—1644年，他滞留在日内瓦，继续学习。1643年，波义耳父亲逝世，与父亲同名的哥哥成为“科克伯爵二世”，罗伯特·波义耳则继承了爱尔兰利默里克郡（Limerick）的大量田产，以及英格兰多赛特郡（Dorset）的斯塔尔布里奇（Stalbridge）庄园。

二、斯塔尔布里奇时期（1644—1655）

波义耳1644年夏天回到伦敦。内战仍在持续，议会党节节胜利；家庭在爱尔兰的财产在叛乱中遭到破坏。姐姐凯瑟琳·波义耳（Katherine Boyle），即拉内拉夫（Lady Lanelaph）夫人与议会党人有密切接触，波义耳借此保住了他在爱尔兰和英格兰的财产。

波义耳借助凯瑟琳的关系，结识了约翰·杜里（John Dury）、本杰明·沃斯利（Benjam Worsley）等人，这些人都联系于“哈特里布圈子”。普鲁士人塞缪尔·哈特里布（Samuel Hartlib）尊崇培根和考美纽斯（Comenius）的科学和教育理念。哈特里布大约于1628年结识约翰·杜里，然后移居伦敦。大约从1630年开始，他周围联结起了一个实验科学和神学的“通信圈”。这个通信圈对17世纪英格兰自然哲学的发展和科学社团产生了重要影响，被科学史家称为“哈特里布圈子”（Hartlib Circle）。

1645—1646年，波义耳就伦理和宗教话题进行广泛写作，尝试不同的文

---

① Mary Elizabeth Bowen. “The Great Automation, the World”: The Mechanical Philosophy of Robert Boyle F. R. S. [D]. New York: Columbia University, 1975.

② Mary Elizabeth Bowen. “The Great Automation, the World”: The Mechanical Philosophy of Robert Boyle F. R. S. [D]. New York: Columbia University, 1975.

学类型，这些早期风格写作的代表是《天使般的爱》(*Seraphic Love*，1659)。[①] 受欧洲旅行和哈特里布圈子的影响，1649 年，波义耳在斯塔尔布里奇建立了实验室，兴趣逐渐转向自然哲学研究。1650 年左右，炼金家乔治·斯塔基（George Starkey）成为波义耳的炼金术导师，波义耳开始系统了解到赫尔蒙特的实验和学说。此时，波义耳从事主要炼金术－化学实验；也做过显微镜观察，以及“流射”（即电、磁）现象研究等。[②]

波义耳认同哈特里布圈子的培根科学理念——通过实验研究获得知识；他对原子论和自然神学问题又有独立思考。这一阶段，波义耳的实验导师是 16 世纪和 17 世纪早期的自然哲学家：帕拉塞尔苏斯（Paracelsus）、特纳肖（Bernardino Telesio）、培根（Francis Bacon）、康帕内拉（Tommaso Campanella）和赫尔蒙特（J. B. van Helmont）。1652—1654 年，波义耳在《论原子哲学》(of the Atomicall Philosophy）中较早地表达了原子论观点；短文《对化学与炼金术的判定》（*judicium de chemia & chemicis*）中已包含《怀疑的化学家》一书批判“庸俗化学家”的萌芽。[③]

三、牛津时期（1656—1668）

1645 年左右，伦敦的一些自然哲学家定期在格雷欣学院（Gresham College）聚会。1648 年左右，一部分人迁至牛津，定期聚会于约翰·威尔金斯（John Wilkins）在牛津大学瓦德汉学院（Wadham College）的寓所。

1646—1647 年间，波义耳在一些通信中提到“无形学院”（invisible college）或“哲学学院”。托马斯·波奇（Thomas Birch）认为“无形学院”就是指在伦敦和牛津聚会的自然哲学家团体。[④] 但约翰·沃利斯（John Wallis）对伦敦早期聚会的记录却显示波义耳并未参与，故更有理由认为“无

---

① Robert Boyle. The Works of Honourable Boyle [G]. Thomas Birch. London：J. & F. Rivington，1772，Georg Olms Hildesheimeim reprinted in Germany，1965 (1)：243—293.

② Michael Hunter. How Boyle Became a Scientist [J]. Hitory of Science，1995 (33)：63.

③ Michael Hunter. The Life and Thought of Robert Boyle [OL]. http://www.bbk.ac.uk/boyle/biog.html.

④ R. E. W. Maddison. The Life of the Honourable Robert Boyle F. R. S [M]. London：Taylor & Francis，1969：69.

形学院”是指更为宽泛的“哈特里布圈子”。[1] 理查德·韦斯特福尔（Richard S. Westfall）指出“哈特里布圈子”的考美纽斯主义（Comenian）氛围，所以“无形学院”应包括威廉·佩蒂（William Petty）等人。[2] 麦迪逊（R. E. W. Maddison）认为应包含约翰·杜里（John Dury）、本杰明·沃斯利（Benjamin Worsley）、[3] 乔治·斯塔基（George Starkey）[4] 等旨在提升科学用处的人。总之，这些团体与哈特里布圈子都有着密切关系：格雷欣学院聚会的召集人西奥多·哈克（Theodore Haak）是哈特里布的追随者，而哈特里布自己也是建立皇家学会重要的中介人。波义耳 1656 年移居牛津，加入了瓦德汉学院的定期聚会。1659 年约翰·沃利斯移居剑桥之后，聚会地点转到波义耳的住处。

在牛津，波义耳开始专心研究大陆的自然哲学著作，尤其是伽桑狄和笛卡尔的著作。这些更为现代的思想使波义耳继承自培根、帕拉塞尔苏斯、赫尔蒙特等人的自然哲学思想更加精致和现代化。这一时期，波义耳的实验研究也取得进展。1655—1662 年，罗伯特·胡克成为波义耳的助手，帮助他设计“空气泵”，进行研究空气性质的各种实验。1660 年皇家学会成立时，波义耳就成为皇家学会所提倡的那种实验研究的典型代表。波义耳在“牛津时期”写作和出版了大量书籍，奠定了自身的学术名望和基本的研究路径：

①《物理力学新实验，关于空气弹性及其效应》（*New Experiments Physico-Mechanical, Touching the Spring of Air and its Effects*，1660）；

②《怀疑的化学家》（*The Sceptical Chymist*，1661）；

③《一些自然研究论文》（*Certain Physiological Essays*，1661）；

④《关于实验自然哲学的有用性的思考》（*Some Considerations touching the Usefulness of Experimental Natural Philosophy*，1663，1671）；

---

① Marie Boas. Robert Boyle on Natural Philosophy [M]. Bloomington: Indiana University Press, 1965: 13.

② 杨·阿莫斯·考美纽斯（John Amos Comenius）近代教育学奠基者，主张“泛智论”（pansophia），强调学习自然知识和能力培养。

③ 本杰明·沃斯利（Benjamin Worsley），1646 年做了制作硝石（KNO_3）的实验。

④ 乔治·斯塔基（George Starkey），北美炼金家，是少年波义耳在化学（炼金术）实验方面的导师。

⑤《关于颜色的实验和思考》（*Experiments and Considerations touching Colours*，1664）；

⑥《关于冷的新实验和观察》（*New Experiments and Observations touching Cold*，1665）；

⑦《流体静力学问题》（*Hydrostatical Paradoxes*，1666）；

⑧《形式和性质的起源》（*The Origin of Forms and Qualities*，1666）。

这些文献为波义耳在自然哲学家中赢得崇高的名望。其中，①使得“波义耳机器”“波义耳真空”和“波义耳定律”广为人知；使波义耳成为著名的实验家；②让他被推崇为“近代化学之父”；③示范了“实验哲学”研究的原则；④阐述自然哲学的方法及自然神学思想；⑤⑥执行了研究自然现象并给予机械解释的培根科学计划；⑦对流体静力学做出定量研究；⑧论述了微粒论的体系。

四、伦敦时期（1668—1691）

1668 年以后，波义耳移居姐姐凯瑟琳在伦敦蓓尔美尔街（Pall Mall）的寓所。1662 年，他开始负责管理新英格兰公司（New England Company），推动北美新英格兰地区的传教活动；移居伦敦使他能更方便地参与皇家学会及新英格兰公司的事务。

波义耳花费了很多精力进行博物学研究，他向工匠和商人收集信息，如从北欧商队获知啤酒结冰余下液体更加浓烈等奇特现象，以用于例证冷的作用。1675 年，波义耳参股哈德逊湾公司（Hudson Bay Company），1677 年又成为“东印度公司”（Eeast India Company）委员会成员；虽然不参与具体的事务，但却尽可能地抓住机会收集各地的自然、人文资料。[①]

波义耳在蓓尔美尔仍持续做实验。这一时期的著作主要是对早期实验和理论进行总结，如《论事物系统的或宇宙的性质》（*Of the Systematical or Cosmical Qualities of Things*，1671）；《特别性质的机械起源》（*Experiments*，*Notes*，*&c.*，*about the Mechanical Origin or Production of Divers Particular Qualities*，1675）；《物体多孔性的实验》（*Experiments and*

① R. E. W. Maddison. The Life of the Honourable Robert Boyle F. R. S [M]. London：Taylor & Francis，1969：134.

Considerations about the Porosity of Bodies，1684）；在这些著作中，微粒论进一步系统化。其间，他还推出了关于空气泵实验和气体研究的两部实验论文集。

波义耳这一时段出版的哲学和神学著作尤其重要，体现了他对哲学和神学问题的成熟思考。其中一些在17世纪60年代就已经成型，如《神学较之自然哲学的优越性》（*Excellency of Theology, Compared with Natural Philosophy*，1674），附有短文《机械假说的优势和根据》（*Considerations About the Excellency and Grounds of the Mechanical Hypothesis*，1674）专门论述微粒论假说的性质和优势。还有《对庸俗自然概念的质询》（*Free Enquiry into the Vulgarly Receiv'd Notion of Nature*，1684），《论理性之上的事物》（*Discourse of Things above Reason*，1681），《自然事物的最终原因》（*Disquisition about the Final Causes of Natural Things*，1688），《信基督的大学者》（*The Christian Virtuoso*，1690）等。波义耳论述合乎信仰（同时也合乎理智）的自然概念、思索上帝与自然间的关系，以及人类理解这些问题的可能性。

波义耳的自然神学思想与其自然哲学关系密切，他追寻与"新科学"相协调的对自然理性进行探究的神学意义，在这方面受到弗朗西斯·培根的深刻影响。波义耳逝世后，按其意愿在剑桥大学捐助设立"波义耳讲座"，该讲座以宣扬自然神学、为信仰辩护、反驳无神论为宗旨。

第二节　从波义耳到"波义耳研究"

关于罗伯特·波义耳的研究经历了盛衰变迁。吉尔伯特·伯奈特（Bishop Gilbert Burnet）主教在波义耳葬礼上的致辞，是除波义耳自传外，第一份关于他生平的资料和评价；后来由理查德·博尔顿（Richard Boulton）在1715年出版。由于波义耳在皇家学会以及在同时代自然哲学中，尤其作为实验哲学家的重要地位，在他逝世后的一个世纪，出现了一批传记编纂、评述和文集整理工作。比如彼得·修（Peter Show）编著的《波义耳著作集》；托马斯·波奇（Thomas Birch）1744年出版的六卷本《尊敬的罗伯特波义耳著作集》，1772年再版后一再重印，是被广泛接受的、关于波义耳的一手资料。

18世纪，牛顿物理学传遍欧洲，成为科学的典范。"启蒙哲学"将科学看作人类理性能力的标志、理性权威的例证、祛除宗教蒙昧的利器。此时，早期皇家学会“理智崇拜”的自然神学显得不合时宜，对波义耳的关注也渐渐沉寂。

19世纪，实证主义塑造了积累进步的科学史。波义耳常常仅作为“气体定律”和“现代化学之父”而被记住。除涉及皇家学会的历史研究偶有提及，18世纪中期到20世纪早期，少有对波义耳的专门研究。迈克尔·亨特认为，这不是因为人们忽视了波义耳，而是因为之前那些关于波义耳的历史评价长期被视为理所当然。① 20世纪50年代，西方科学史研究的学术潮流逐渐兴起，新的波义耳传记和著作集随之出现，如麦迪逊（R. E. W. Maddison）的《尊敬的罗伯特·波义耳之生平》（1969）和斯图尔特（Michael A. Stewart）的《波义耳哲学论文选》（1991）。

首先，波义耳受到理查德·韦斯特福尔（Richard S. Westfall）和托马斯·库恩（Thomas Kuhn）的关注。② 玛丽-博厄斯·霍尔（Mary-Boas Hall）的《波义耳和十七世纪化学》（1958）和《波义耳论自然哲学》（1965）对波义耳微粒论和化学提供深入的内在解读，成为在波义耳研究中实践亚历山大·柯瓦雷（Alexander Koyre）“科学思想史纲领”的经典之作。彼得·亚历山大（Peter Alexander）、詹姆斯·柯南特（James B. Conant）、诺玛·埃莫顿（Norma E. Emerton）、托马斯·库恩（Thomas Kuhn）、詹姆斯·雷诺克斯（James G. Lennox）、理查德·韦斯特福尔（Richard Westfall）等人的研究也展示了波义耳神学信念与其概念的或经验的证据之间的逻辑关系。③

彼得·亚历山大、玛丽-博厄斯·霍尔（Marie-Boas Hall）和理查德·韦斯特福尔注意到波义耳验证关于自然过程的知识并不严格遵循经验主义方法，但这些学者的主要意图是考察和解释波义耳的理论信念，而较少分析他的方法论。菲利普·保罗·威纳（P. P. Wiener）《罗伯特·波义耳的实验哲学》（1932）一书对波义耳认识论做出一种实用主义的解释，已解决了他经验主义方法论和微粒论本体论之间的明显张力。④ 此后对波义耳方法论的解释沿袭了

---

① Michael Hunter. Robert Boyle Reconsidered [M]. Cambridge: Cambridge University Press, 1994: 2.

② Thomas S. Kuhn, Robert Boyle and structural chemistry in the seventeenth century [J]. Isis, 1952 (43): 12—36.

③ Rose-Mary Sargent. The Diffident Naturalist: Robert Boyle and the Philosophy of Experiment [M]. Chicago: University of Chicago Press, 1995: 2.

④ Rose-Mary Sargent. The Diffident Naturalist: Robert Boyle and the Philosophy of Experiment [M]. Chicago: University of Chicago Press, 1995: 2.

前人的模式，如拉里·劳丹（Larry Laudan）在《可能性与钟表隐喻：笛卡尔对英格兰方法论思想的影响，1650—1665》（1966）[①] 中指出波义耳和笛卡尔“微粒哲学”的相似性，认为波义耳遵循笛卡尔的假说方法。作为对劳丹论点的反驳，罗杰斯（G. A. J. Rogers）《笛卡尔和英国科学方法》（1972）和萨尔金特（Rose-Mary Sargent）《罗伯特·波义耳的培根主义遗产：对劳丹的笛卡尔主义论题的一个回应》（1986）主张波义耳方法论受培根主义的影响更为强大。

20 世纪 60 年代以来，另一批学者为了探寻波义耳的本体论而研究其神学信念，以期解释波义耳实验方法论和机械论本体论之间的张力，如加里·迪森（Gary B. Deason）、尤金·克拉伦（Eugene M. Klaaren）、巴巴拉·夏皮罗（Barbara J. Shapiro）和亨利·莱文（Henry G. van Leeuwen）。尽管早期的实证主义认为神学对于科学而言是“外在的”，但这些研究提出，在缺失对波义耳形而上学立场直接表述的文本的情况下，应从他的宗教著作中探查波义耳本体论的研究进路。但是，这些研究对波义耳方法论的理解仍沿袭经验主义或归纳主义的理路。麦圭尔（J. E. McGuire）《波义耳的自然概念》（1972）中引用波义耳对物质的被动性和上帝无限能力的论述，主张波义耳的宇宙是由互不关联的粒子组成的，这一观点也与波义耳的机械论解读相符。麦圭尔主张波义耳认为宇宙中没有“自然因果”，所有现象都是上帝直接干预的结果，知识也只限于揭示“现象规律”。

20 世纪 70 年代之后，从哲学问题出发的波义耳研究十分丰富。如 1976 年，玛丽·鲍文（Mary Elizabeth Conner Bowen）的博士论文《世界，这一巨大的机器》；1978 年，雅可布（James. R. Jacob）的博士论文《波义耳的原子论与复辟时期对异端自然学说的抨击》。20 世纪 80 年代，这方面的成果更多，哈奇森（Keith Hutchison）、帕斯劳（Robert Pasnau）、希尔（Benjamin Hill）、巴纳赫（David Banach）一般性地讨论“隐秘性质”和“实体形式”在现代科学兴起时所受到的批评。科里（E. M. Curley）、麦金托什（John J. Macintosh）、亚历山大（Peter Alexander）、帕尔默（David Palmer）、安斯提（Peter R. Anstey）等人澄清哲学史中波义耳与约翰·洛克在第一、第二性质学说方面的混淆，恢复波义耳“性质”理论原貌。如彼得·亚历山大（Peter

① Larry Laudan. The Clock Metaphor and Probabilism: THe Impact of Descartes on British Methodological Thought，1650—1665 [J]. Annals of Science，1966（22）：73—104.

Alexander)《理念、性质和微粒：洛克和波义耳论外部世界》(1985)，埃莫顿(Norma Emerton)《科学对形式因的重新解释》(1986)，约翰·亨利(John Henry)《隐秘性质与实验哲学》(1986)。20世纪90年代，迈克·斯图尔特(Michael A. Stewart)、安托里奥·克莱里库乔(Antonio Clericuzio)、迈克尔·亨特(Michel Hunter)主导了这一方面的讨论。

世纪之交，波义耳研究在世界各地都取得了显著的进展。2000年，彼得·安斯提出版了第一部系统讨论波义耳哲学的著作《罗伯特·波义耳的哲学》；比利时科学院的阿夫拉莫夫(Iordan Avramov)研究了波义耳与亨利·奥登堡的通信；雅典大学的克里斯托普卢(Christina Christopoulou)研究了波义耳关于“冷”的理论；迪安(Brian Dean)在伊利诺伊大学的博士论文讨论了波义耳与亨利·摩尔的争论。

20世纪30年代，在默顿(R. K. Merton)的《十七世纪英格兰的科学、技术与社会》中，波义耳的角色十分重要。而语境主义的科学史研究的兴起又使波义耳受到了特别的关注。因为与哈特里布圈子的关联，查尔斯·韦伯斯特(Charles Webster)的《伟大的复兴》(1605)对波义耳加以重点研究。詹姆斯·雅可布(James R. Jacob)《罗伯特·波义耳与英格兰革命：社会中的理智变化研究》(1977)等论著则将波义耳看作“新科学伦理”与“英格兰革命意识形态冲突”相关联的典型例子。雅可布认为波义耳在内战中的遭遇使他的价值观发生改变，因此他的自然哲学至少部分地是对敌对自然哲学的反击。①

1970年以后，与内在主义编史学相对，在社会、经济、文化语境中解释科学的外史研究逐渐增多。大卫·布鲁尔发展出“科学知识社会学”(SSK)，对科学包含的不可分离的社会因素做出理论分析。这一潮流的变换使波义耳研究获益甚多，更注重社会政治原因而非哲学因素的实际影响，如罗伯特·马尔克利(Robert Markley)《作为意识形态的客观性：波义耳、牛顿与科学的语言》(1983)等，其中尤其以史蒂文·夏平(Steven Shapin)影响最大。语境主义潮流的新趋向是更重视对科学实践而不是它的理论产物的社会学分析。如柯林斯(H. M. Collins)、大卫·古丁(David Gooding)、布鲁诺·拉图尔(Bruno Latour)、迈克尔·林奇(Michael Lynch)、安德鲁·皮克林(Andrew Pickering)、史蒂文·伍尔加(Steven Woolgar)。史蒂文·夏平的代表作主要有《空气泵与环境：波义耳的文学技术》(1984)，《利维坦与空气泵：霍布斯、

---

① Michael Hunter. Robert Boyle Reconsidered [M]. Cambridge: Cambridge University Press, 1994: 3.

波义耳和实验室生活》(与 Simon Schaffer 合著,1985),《十七世纪英格兰的实验室》(1988),《波义耳与数学:实在性、表象性与实验实践》(1988),《真理的社会史》(1994),《科学革命》(1996)。

史蒂文·夏平的著作鼓励了关于波义耳的社会学研究。如让·葛林斯基(Jan Golinski)《罗伯特·波义耳:怀疑主义和十七世纪的话语权威》(1987),金永植(Young Sik Kim)《罗伯特·波义耳接受机械论哲学的另一解读:它的限度以及化学和社会语境》(1991),让·沃齐克(Jan Wojcik)《罗伯特·波义耳与理性的限度:十七世纪英格兰科学与宗教的关系研究》(1997)等。罗斯-玛丽·萨尔金特(Rose-Mary Sargent)认为夏平曲解了波义耳用于隐喻实验方法的法律术语,如试验、见证、证词等在17世纪英国法律传统中的意义。[①] 萨尔金特认为社会学研究标榜是"现场化的历史进路"(historical localized approach),但因固执于社会学解释对科学家的"集体主义"研究(collectivism),实际上与"现场"相去甚远;[②] 如夏平在《利维坦与空气泵》中借助与罗伯特·胡克、约瑟夫·格兰维尔(Joseph Glanvil)、托马斯·斯普拉特(Thomas Sprat)甚至其对手托马斯·霍布斯的关系来定义波义耳的立场;借用维特根斯坦的"生活形式"暗示这些思想者集体分享一种统一的实验方法。这完全忽视了这些历史人物之间存在的差异。

迈克尔·亨特认为夏平乃至雅各布的解释太过"功能主义",理解波义耳,要同等地解释其理智人格中的"正常"(functional)和"失调"(dysfunctional):这位不懈的实验家正是因宣誓的敏感性而拒绝成为皇家学会主席的,波义耳的这种"犹豫"(scrupulosity)在他生活的许多方面都有表现。[③] 迈克尔·亨特主张历史研究应该提供对思想者个体更加细致的解释,而

---

① Rose-Mary Sargent. Scientific Experiment and Legal Expertise: The Way of Experience in Seventeenth Century England [J]. Studies in History and Philosophy of Science, 1989 (20): 19—45.

② "集体主义"即在科学社团中理解科学家思想,西方崇尚"个人自由"的绝对价值,由此借喻社会学解释的不完美。

③ Michael Hunter. Robert Boyle Reconsidered [M]. Cambridge: Cambridge University Press, 1994: 4.

不应将他们的思想还原为那些假定的、无时间性的哲学、科学或社会学范畴。[1] 这方面的研究如麦金托什（J. J. MacIntosh）的《罗伯特波义耳的认识论：科学知识和宗教知识的相互作用》（1992），马克姆·奥斯特（Malcolm Oster）的《传记、文化与科学：波义耳的人生成形阶段》（1993）。迈克尔·亨特的史学主张，与安托尼奥·佩雷兹－拉莫斯（Antonio Pérez-Ramos）的培根研究，以及丹尼尔·加伯（Daniel Garber）的笛卡尔研究相互呼应，为理解 17 世纪科学人物开辟了新的路径。[2]

罗斯－玛丽·萨尔金特专注于波义耳的实验主义方法论研究，强调波义耳的自然哲学是在掌握自然经验和了解工匠和商人的实践中形成的。她描述波义耳对亚里士多德学派的反驳，清晰地解释培根主义和笛卡尔主义对波义耳的影响，以及波义耳对伽利略、帕斯卡等实验先驱的态度；讨论波义耳何种程度上受惠于同时代化学、医药和实践技艺等经验研究传统。萨尔金特强调实验是一个动态的学习过程，充满许多偶然因素，但又不是一种简单的经验主义；波义耳思考如何解释实验，如何利用实践经验再现实验现象，以及如何判定实验结论的精致策略。[3]

随着西方科学史研究的深入与视角转换，关注波义耳的炼金术成为一条独特的进路。狄博斯（Allen G. Debus）在《英格兰的帕拉塞尔苏斯主义者》（1965）中从化学史或炼金术史的角度对波义耳甚至 17 世纪科学史做出新的解读，阐述了曾被忽视的炼金术实验传统对科学革命的贡献。迈克尔·亨特编著的《重识波义耳》（1994），汇集了 20 世纪末 20 年间波义耳研究的最新进展。安托里奥·克莱里库乔（Antonio Clericuzio）、劳伦斯·普林西比（Lawrence Principe）使波义耳再次成为科学史研究的热点。安托里奥·克莱里库乔研究《怀疑的化学家》及其影响，分析《怀疑的化学家》与《化学要素的产生》附

---

① Michael Hunter. The Conscience of Robert Boyle: Functionalism, “dysfunctionalism”, and the Task of Historical Understanding [C] //Renaissance and Revolution Humanist, Scholars, Craftsmen, and Natural Philosophers in Early Modern Europe. ed. J. V. Field, Frank A. J. L. James, Cambrige: Cambridge University Press, 1993: 147—159. 参见 Rose-Mary Sargent. The Diffident Naturalist: Robert Boyle and the Philosophy of Experiment [M]. Chicago: University of Chicago Press, 1995: 7.

② Rose-Mary Sargent. The Diffident Naturalist: Robert Boyle and the Philosophy of Experiment [M]. Chicago: University of Chicago Press, 1995: 7.

③ Michael Hunter. Robert Boyle Reconsidered [M]. Cambridge: Cambridge University Press, 1994: 6.

录中早期论文之间的关系。劳伦斯·普林西比强调波义耳花费大量时间从事炼金术研究，而且用炼金术语言和秘密技术做实验记录；波义耳几乎在炼金术的每一领域都做过大量的“嬗变”实验，并与其他炼金家保持了密切联系。普林西比研究波义耳炼金活动的动机，尝试列出他炼金实验的年表，指出波义耳除继承使用炼金术术语和概念，还更一般地借助炼金术阐明世界中精神活动的现实性，架起自然哲学和神学之间的桥梁。[①] 威廉·纽曼在波义耳的炼金术和自然哲学间建立起密切联系，认为波义耳的微粒论可追溯至“（伪）格伯尔”（pseudo-Gerber）的炼金术著作区分精细粒子（*subtilis pars*，subtle part）和粗重粒子（*grossa pars*，gross part），以及元素的最小同质部分（*per minima*）的思想；[②] 波义耳的老师或朋友，如凯内尔姆·狄格比（Kenelm Digby）、乔治·斯塔基（George Starkey）、弗雷德里克·克劳丢斯（Frederick Clodius）等都熟知归在“（伪）格伯尔”名下的炼金术著作，由此波义耳受到“（伪）格伯尔”化学的影响。[③] 当然，波义耳微粒论与“（伪）格伯尔”不一样，后者只考虑微粒的大小而不解释其运动和形状；但波义耳的许多概念如残渣（dregs）和稠度（denseness）等术语在炼金术的语境中，较之在复兴的伊壁鸠鲁主义原子论中更容易被理解。波义耳思想的炼金术渊源与17世纪自然哲学中的“理性主义”研究进路形成了自然对比，并被后者所掩盖。通常假定“帕拉塞尔苏斯学派”的实用化学在波义耳时代占据主导地位，事实上并非如此，更早的炼金术实验和理论同样具有强大的影响。[④]

约翰·亨利（John Henry）不同意对17世纪机械论哲学的简单理解，在波义耳《论事物的系统性质或普遍性质》（1671）中，“系统性质”（cosmic or universal qualities）并不源于微粒的大小、形状和运动，而是基于微粒在宇宙中的整体联系。波义耳坚持微粒可能有未知性质，即微粒的“特别功能或作用

---

① Michael Hunter. Robert Boyle Reconsidered [M]. Cambridge: Cambridge University Press, 1994: 7.

② Michael Hunter. Robert Boyle Reconsidered [M]. Cambridge: Cambridge University Press, 1994: 108.

③ 格伯尔（Geber）是阿拉伯炼金家 Jābir ibn Hayyān（贾比尔·伊本·海杨）的拉丁译名，欧洲13世纪大翻译运动后，出现许多伪托格伯尔的书籍，真伪难辨，参见 William R. Newman. the Summa Perfectionis of Pseduo-Geber. Leiden: E. J. Brill, 1991；见 Michael Hunter. Robert Boyle Reconsidered [M]. Cambridge: Cambridge University Press, 1994: 6.

④ Michael Hunter. Robert Boyle Reconsidered [M]. Cambridge: Cambridge University Press, 1994: 8.

方式”在世界中起作用；甚至推论存在某种神性的“自然律”，物质的一般活动由自然律得到“修正”。笛卡尔机械论关于物质惰性、上帝直接干预和不存在自然因果的理论太过严苛，波义耳认为需要一种新哲学来正确地解释自然规律。①

关于波义耳的神学和哲学论题，沃齐克（Jan Wojcik）的《罗伯特·波义耳与理性的限度：17 世纪英格兰科学与宗教的关系研究》（1997）在 17 世纪的神学问题中，考察了波义耳的《论理性之上的事物》（1681）。1650 年后，英格兰产生关于索契尼主义（Socinianism）的神学争论，在这一环境中论述波义耳强调上帝的不可理解性、天命前定的信念、警惕独断主义与宗教狂热，以及对宗教和自然哲学中理性限度的考虑。② 爱德华·达维斯（Edward B. Davis）讨论《专论自然事物终极原因》（1688），涉及波义耳与笛卡尔的关联，他认为罗伯特·胡克系统地介绍笛卡尔学说给波义耳，并使波义耳最大限度地降低与笛卡尔的宗教分歧，达成对付最严重不信教者的统一战线。蒂莫西·沙纳汉（Thimothy Shanahan）考察波义耳与笛卡尔学派的分歧，强调波义耳关于“目的因”（final cause）讨论的哲学意义。一般认为洛克已经很好地总结了波义耳的哲学，尤其是物质理论。但沙纳汉和麦金托什的研究显示，波义耳哲学中的物质理论未得到应有的重视。麦金托什认为，波义耳意识到由于自然现象的复杂性，奇迹几乎不能预知，这些精细的神学思考相比洛克对上帝存在的“奇迹”论证更胜一筹。③

20 世纪末，皇家学会推出波义耳手稿的目录 *Boyle Papers*，④ 以及迈克尔·亨特、爱德华·达维斯（Edward Davis）和安托尼奥·克莱里库乔编著的十四卷本《罗伯特·波义耳著作集》（2000），汇集了前所未有的新史料。

20 世纪 80 年代末，西方学界出现了一种与之前“理论指向”的科学哲学不同的、关注“实验室活动”的研究，被称为“新实验主义”，如南希·卡特赖特（Nancy Cartwright）、阿兰·富兰克林（Allan Franklin）、彼得·伽里森（Peter Galison）和伊安·哈金（Ian Hacking）。这种研究从关注理论如何被检

---

① Michael Hunter. Robert Boyle Reconsidered [M]. Cambridge: Cambridge University Press, 1994: 8.

② Michael Hunter. Robert Boyle Reconsidered [M]. Cambridge: Cambridge University Press, 1994: 8.

③ Michael Hunter. Robert Boyle Reconsidered [M]. Cambridge: Cambridge University Press, 1994: 10.

④ 皇家学会图书馆：http://www.royalsociety.ac.uk/library.

验，转而关注检测理论的数据证据是如何被组织起来。他们也对知识的建构进行社会学的分析，但却得出不同的结论。这些作者多少都赞同，人工因素不是知识可错性的原因，反而，成功的实验操作和创造现象为知识主张被理性地接受提供了基础。①

始于库恩、柯瓦雷、迪克斯特霍伊斯、狄博斯等人的努力，到20世纪末为止，科学史及相关领域研究得到了极大丰富，开辟了许多新问题和新视角。关于科学的哲学话题，也从知识的逻辑分析与合理性重建，转而关注相关历史语境中科学的智识和社会背景的哲学问题。不断分化、深入的研究进路丰富着科学的历史面貌和哲学意义。

第三节　波义耳自然哲学的渊源

一、17世纪自然哲学思潮

近代科学在17世纪前后的兴起，是科学史中最引人入胜的话题。追问其中的历史纠葛和哲学问题是理解近代科学最直接的路径。13世纪后，由于亚里士多德主义神学的衰落、古希腊文献的大翻译、阿拉伯科学的传播以及罗马教会神学的内部冲突，欧洲不同的文化区域出现了神学、哲学和自然学说的新潮流。比如，意大利弗洛伦萨和帕多瓦的新柏拉图主义思潮、在巴黎大学流行的“拉丁阿维罗伊主义”和“双重真理论”、不列颠教会中邓斯·司各脱(John Duns Scotus)唯意志主义和威廉·奥康（William Occam）唯名论的神学“现代路线”。在这些新思潮的推动下，自然知识的自主研究逐步在教会大学中酝酿、繁盛和扩展。这种自然研究的繁荣体现于文艺复兴时期那些百科全书式的“通才”身上。

经过文艺复兴时期的自然哲学，中世纪大学的知识分类和学科体系受到新科学的挑战，“自由技艺”逐步摆脱神学禁锢，自然哲学获得独立价值。15世纪后“宗教改革”和“地理大发现”在欧洲引发了更大的社会变革。神圣秩序逐渐让位给世俗生活世界。这一时期，欧洲“自然哲学家”摆脱了教会和大学的庇护，由学术通信结成了早期的“学术共同体”，取得了社会意义上的独立。

---

① Rose-Mary Sargent. The Diffident Naturalist: Robert Boyle and the Philosophy of Experiment [M]. Chicago: University of Chicago Press, 1995: 12.

这场知识和信仰的宏大变革影响到欧洲文化的各个层面，在知识领域导致了重大影响：自然研究摆脱教会权威，确立了知识与求知活动的新的神学意义和社会价值。自然哲学不是封闭的万有理论和神学的禁脔，系统的自然研究奠定了科学的独立方法和领域。技艺和经验不再从属于秘术和沉思，而获得了自主价值，其范围和规模都得到了空前扩展。主张“目的论”和“质形论”的自然哲学衰落，代之以自然的数理研究、经验解释和机械论哲学。

如何理解和评价“科学革命”的历史及人物，是科学史和科学哲学的首要问题。20世纪的实证主义“经验知识累积”的编年史、“世界观嬗变”的观念史解读、“政治文化纠葛”的社会史补遗，对此已做出了十分详尽的描述和解释，发展出了丰富的技术和多元的研究路径：或作观念史的宏观叙述，或由宗教、政治及自然观念而横向分析，或考察科学社团的宗旨、活动和组织，或对“自然哲学家”作个体解读；新的研究进路和研究成果层出不穷。多元的视角和研究路径，加上“知识”和“科学”哲学问题的纠葛，几乎每个科学史人物研究和评价都异彩纷呈；如此，也更需要构建相对完整的历史叙事。

20世纪科学史研究发掘出“科学革命”众多的历史渊源：柯瓦雷指出“新柏拉图主义”或“数秘主义”对天文学和力学数理研究的影响；艾伦·狄博斯指出赫尔墨斯主义等“自然法术”之于促进自然知识、推翻目的论哲学权威的作用；雷杰·霍伊卡（R. Hooykaas）指出基督教的创世论突破古希腊“自然—技艺”区别，推动了继中世纪托马斯神学之后，所谓新一轮的“自然哲学的基督教化”。正如理查德·韦斯特福尔所言，“机械论哲学”与“柏拉图—毕达哥拉斯传统”两大主题统治着17世纪的“科学革命”。[①] 波义耳追溯机械论自然哲学思想，把伽利略、培根、艾萨克·比克曼（Beeckman）、笛卡尔、伽森狄等哲学家，巴索（Basso）、森奈特（Sennert）、荣基乌斯（Jungius）等自然学者都包括在机械论思想的近代源流之中。

玛丽-博厄斯·霍尔突出揭示了波义耳微粒论在17世纪自然哲学中的地位。她说：

> 波义耳曾经被视为现代实验的、反理论的“操作性”进路在十七世纪的先驱，或温和地说，是一位将微粒假说转化微粒理论运用于物理和化学领域、颇具怀疑主义意味的经验科学家。这与同时代的人将其看作“机械

---

① 理查德·S·韦斯特福尔. 近代科学的建构：机械论与力学［M］. 彭万华，译. 上海：复旦大学出版社，1999：“导言”。

哲学的恢复者”难以协调。必须把波义耳四十年间的卓越和多样的自然哲学著作视为一个整体，否则就难以理解为何波义耳被视为“机械哲学的恢复者”。①

波义耳继承培根对人类知识和求知活动的有关神学思考，为奠定现代科学的价值意义做出了历史性贡献；创造性地应对“新科学”的本体论和方法论争论，突破纯粹的经验主义，强调假说的作用，将实验研究提升到新的高度；在实验研究的基础上求取实用知识，探寻对现象的机械解释。

亚里士多德学派自然哲学，以“形式—质料”“潜能—现实”“四因说”等理论学说，构造了一个由低到高的目的论的存在者等级：从几乎无形式的“纯质料”的最低等级存在者，不同等级的“形式—质料”结合的存在者，直到最高等级存在者——宇宙“自身不动的推动者”——上帝。自然界的运动和变化是存在者的“潜能”的“实现”；上帝是完全“现实”的存在，“存在于目的之中”，是最完满的存在。

神学的目的是论证信仰，宗教的自然学说提供符合信仰及神学的自然解释。托马斯·阿奎那的神学受到教会尊崇之后，逍遥学派的自然学说成为不可质疑的正统。尽管一些对亚里士多德哲学的激进解释威胁到上帝的绝对权威，曾遭受教会的谴责，但上帝作为最完满的存在者和存在的目的论体系还是受到教会神学的肯定。与神学结合以后，这一封闭的目的论体系垄断了关于自然的解释。

这种封闭的自然学说对于文艺复兴以来摆脱神学教条、追求“自由探索”的自然哲学而言越来越不可接受。机械论者拒绝用“形式”或其他任何不可理解的“神秘原因”解释性质，主张用物质实体的“力学机制”来解释自然。对于逍遥学派而言，事物某特殊性质对应某一即“形式因”；对于机械论者，则是因为机械机制，即物质和运动。

原子或微粒不是17世纪的发明，德谟克利特以原子和虚空为世界的本原；柏拉图也给出某种“几何原子论”；古希腊力学家亚历山大里亚的希罗曾提出微粒之间的虚空来解释物体的性质，即某种“非伊壁鸠鲁主义”的原子论。②

① Mary-Boas Hall. The Establishment of the Mechanical Philosophy [J]. Osiris, 1952 (10): 414.

② Mary-Boas Hall. The Establishment of the Mechanical Philosophy [J]. Osiris, 1952 (10): 432.

16世纪晚期出现了一些基于原子论发展出的哲学体系，最突出的如乔达诺·布鲁诺（Giordano Bruno）。17世纪前期的原子论者大多都追随德谟克利特（Democitus）、伊壁鸠鲁（Epicurus）或柏拉图（Plato）。尽管他们拒斥用亚里士多德“充满论”的物质理论，却没能用原子属性对事物性质做出成功的解释。另一方面，化学家如丹尼尔·森奈特（Daniel Sennert）和荣基乌斯（Jungius）则致力用原子论发展新的化学理论。①

二、波义耳微粒论的渊源

波义耳微粒论作为机械论哲学，有三个主要思想来源：其一是笛卡尔的机械论思想，其二是经伽森狄复兴的古代原子论；其三，作为一种“物质理论”，波义耳微粒论还继承了炼金术传统的“最小微粒”学说。

勒内·笛卡尔（René Descartes）主张机械论哲学，却相信宇宙“充满”；尽管用物质和运动的“机械原则”清除了自然哲学中的“形式”或“目的”，极力反对以亚里士多德主义为代表的中世纪哲学，但仍谨慎地避免将“真空”和“不可分”这些原子论概念引入机械论；对于他而言，物质等同于广延（extension），不存在空的空间。笛卡尔将物质分为三类：第三类元素，或地面物质，对应于土；第二类元素，天界或精微物质，对应于气；第一类元素，由其他元素的碎片组成，对应于火。三种元素由同一种物质微粒粒子组成，由构成它们的粒子大小与运动而相互区别；三者之间可以相互转化。第一类元素无处不在，用来填满以太粒子之间的空洞，防止出现真空。第三类物质的性质是由组成它的粒子的大小、形状和运动决定的。第二类物质，即通常所说“以太”在笛卡尔物理学中十分重要，因为，正是以太的运动导致了粗重粒子的运动。② 虽然笛卡尔主张粒子形状是一种重要的机械性质，但对于他而言，物质是可分的，因此他不关心粒子特殊的形状的意义。这一点与原子论有明显差异，原子论常用粒子的特定形状解释事物的某一性质。③

皮埃尔·伽森狄反对亚里士多德自然学说。他根据伊壁鸠鲁学说发展出一整套“非亚里士多德主义”的哲学和物理体系。在“存在论”方面，古希腊原子论是雅典学派的死敌：原子论者否认存在整全的“一”，主张存在的是“多”

---

① Mary-Boas Hall. The Establishment of the Mechanical Philosophy [J]. Osiris, 1952 (10): 426.

② Mary-Boas Hall. The Establishment of the Mechanical Philosophy [J]. Osiris, 1952 (10): 444.

③ 如刺激性的物质粒子有尖刺，甜味物质的粒子很圆滑等。

个不可分的原子，原子之外是虚空；这样，就在因果性、认识论等方面得出与亚里士多德差别很大的结论。

伽森狄相信真空存在，物质（原子）的属性不仅有广延，还有固性、硬度、抵抗性和不可入性。对于伽森狄，原子不是数学的点，而是实体。但是他拒绝伊壁鸠鲁主义的无神论，而将上帝看作惰性原子的创造者和推动者。伽森狄显著区别于亚里士多德主义者之处在于，他从不引用“实体形式”(substantial form)，而是用原子属性及其大小和形状来解释物体的性质。比如，认为热是有细微、圆滑和快速运动的“卡路里原子”（calorific atoms）引起的；物体热是因为“热原子”溢出；火是大量“热原子”的聚集；光由快速运动的精微粒子构成；冷不仅是热的缺乏，还对应着特定的“冷原子”——四面体尖刺引起触觉的刺痛感；流体原子相互接触较少而松散，而固体原子的每个面都相互接触还相互勾住等。[①] 1654 年，皇家学会会员沃特尔·查尔莱顿（Walter Charleton）在英国出版的《伊壁鸠鲁－伽森狄－查尔莱顿的自然哲学》产生了重大影响，之后英国涌现出各式各样的原子论学说。[②]

原子论经过伽森狄改造，也发展出与笛卡尔主义很不一样的神学理论。笛卡尔的“双重实体”——物质和心灵，由上帝的意志确保两者之间的协同。原子论经过伽森狄的“基督教教化”：[③] 原子由“多元”的实体转换为“被创造”的物质；由强调“不可分割性”转而强调其“惰性”。尤其是认为运动是上帝将大块物质分为粒子，让粒子运动、各种事物被创造和被设计都是基于上帝的直接意志。

波义耳微粒论作为一种物质学说，还受惠于炼金术的思想。当时的自然哲学中，化学实验和炼金术实验很难明确分辨，可以将它们看作同一类研究的两个维度：化学强调实验操作和性质的变化过程，炼金术强调物质“嬗变”及其他精神寓意。作为一种“自然魔法”的实践，炼金术文化相信物质世界和精神世界是相通的；炼金术象征性的“术语”和图画不仅是对实验现象的描述，而且包含精神性意义，比如炼金术中的“衔尾蛇”图案不仅象征物质变化的循

---

① Mary-Boas Hall. The Establishment of the Mechanical Philosophy [J]. Osiris, 1952 (10): 430.

② R. H. Kargon. Walter Charleton, Robert Boyle and the acceptance of Epicurean atomism in England [J]. Isis, 1964 (55): 184—92.

③ 雷杰·霍伊卡（Reijer Hooykaas）认为古代自然哲学经历了与基督教相协调的过程，这一过程促进了新科学的形成。参见霍伊卡. 宗教与现代科学的兴起 [M]. 丘仲辉，等译. 成都：四川人民出版社，1999.

环，还象征“完满”和“一即一切”的理念。汉斯－魏尔纳·舒特（H. Schütt）对炼金术士的“炼金术”和“化学”做了三方面的区别：1）多数情况下，炼金术和化学都是实验活动，但炼金活动本身具有价值或道德内涵，化学则没有；2）炼金术看待对象的眼光是综合的、主观的，而化学的眼光是分析的、客观的；3）在炼金术的世界框架中，所有已知物质之外还可能有别的物质存在。①

波义耳的“自然最小质”（*minima naturalia* 或 *prima naturalia*）是构成所有微粒的最小单位，这一思想可追溯至炼金术理论中的物质“最小微粒”（*per minima*）。波义耳说，如果混合物的组分很微小，并且结合得很紧密，在足够的热使之分解为要素之前，很少的热就已经使之挥发了，比如硫磺的升华。②“（伪）格伯尔”认为硫磺或水银挥发后不留下任何残渣（即不被分解），同样是因为升华不能将其分解为“要素”，这类实验被认为验证了存在不能被分解的“最小微粒”。这一类实验成为波义耳论证“火并非将物质分解为要素的一致方法”的例证。这些不能被分解的“自然最小质”，被认为是构成物质的最小基本微粒。

伽森狄的原子论中，不能分割的单个原子不可感知，却有与其感性性质相对应的特定形状，如冷原子具有尖刺，因而触摸起来有刺激感。而在波义耳微粒论中，对应不同感性性质的是微粒的不同结构。这些微粒都由“自然最小质”组成，在此意义上，世界是统一的。微粒在化学过程中相互分离，或结合成复合物，但微粒自身不会破坏，只有在“炼金术”所设想的过程中，微粒能被打散为“自然最小质”。因此，对波义耳而言，炼金术实验探索物质在最基本层次上的统一性对于微粒论至关重要。

波义耳坚持机械解释但也不排斥其他合理的解释，尤其是医学和生命的解释。他在解释结晶、矿脉形成、生物生长等现象时突出“活力因素”（seminal）的作用；再比如，用“抽芽”（shoot）来描述结晶过程。他认为，这对于炼金术尤为重要：打开微粒团，将微粒还原到“自然最小质”，实现物质的“嬗变”，必须依靠“活力要素”，因此，“活力因素”恰恰印证了上帝的设计和创造。

---

① 汉斯一魏尔纳·舒特. 寻求哲人石——炼金文化史［M］. 李文潮，等译. 上海：上海科技教育出版社，2006：534.

② 罗伯特·波义耳. 怀疑的化学家［M］. 袁江洋，译. 北京：北京大学出版社，2007：36.

炼金术研究从“贱物质”嬗变为“贵重物质”，尤其是将贱金属嬗变为金银贵重金属，一个重要的理论任务是分析组成事物的“元素”。帕拉塞尔苏斯等“医药化学家”[①] 提倡实用化学，在实验研究中得出许多新的有用物质；众多物质由其显著性质得以分类，被归属于盐、硫、汞“三要素”。与其他炼金术理论一样，医药化学家要素学说的理论基础可以追溯到亚里士多德自然哲学的形式质料学说、四因说、“四元素”，以及《论生灭》中指出“元素”之间相互嬗变的可能性等。这些学说经过种种修正，成为解释炼金术的基本理论。除了帕拉塞尔苏斯的盐、硫、汞“三要素”学说，还有硫、汞“二要素”、盐、硫、汞、土、黏液“五要素”，以及赫尔蒙特的“水”一元要素等。各种要素学说都建基于亚里士多德主义的“实体形式”理论。他们认为要素实际存在于物体之中——“一类性质对应一种实质”。不同的要素学说基于不同的炼金术实践经验，仅仅在哪一类性质或哪一种要素更基本的问题上存在分歧。

波义耳肯定帕拉塞尔苏斯学派获得许多实用的药剂，尤其赞赏赫尔蒙特“要素-元论”的理论勇气，他们的实践冲击了炼金术思辨理论的权威。尽管《怀疑的化学家》中的许多实验事实都来自炼金家们的实践，但波义耳批评炼金术理论神秘、学说粗陋。“尽管化学作为实践技艺，我对之很有好感；但若是被化学家们包装成哲学理论原则的体系，恐怕我很难对之满意，而要对其采取严格询问。”[②]

三、波义耳微粒论的特点

波义耳微粒论拒斥逍遥学派的“形式质料”和目的论自然哲学，用物质粒子的大小、形状和运动解释现象。继《怀疑的化学家》中提出“微粒论假说”之后，在同年出版的《一些自然研究论文》[③] 中，波义耳也明白表述了他的机械论观点：

> 原子论和笛卡尔学派的假说，尽管在内容要点上彼此有些不同，但在反对逍遥学派和其他庸俗教条方面，则可以被看作同一种哲学……而其他

① 医药化学 Iatrochemie，制药则称为 Chemiatrie 或 Spagyrik，后者的意思是分离之后的结合。因此以实用医药为目的的化学家被称为 Iatrochemist 或 Spagyrist（医药化学家）。

② Thomas Birch. The Works of Honourable Robert Boyle [G]. London: J. & F. Rivington, 1772, Georg Olms Hildesheimeim reprinted in Germany, 1965 (3): 13.

③ 迈克尔·亨特考证《怀疑的化学家》书稿大约完成于 1654 年，《一些自然研究论文》书稿大约完成于 1657 年。

哲学家只从某些实体形式（substantial forms）和实在性质（real qualities）出发，一般而泛泛地解释自然现象……笛卡尔学派和原子论者，都用不同形状和运动的微小物体解释同样的现象……两个学派一致同意，从物质和位移出发推导自然现象；我知道这两个现代学派对一般的物体概念存在分歧，并最终涉及绝对真空（a true vacuum）的可能性；而且在运动的起源、物质的无限可分，以及其他不太重要的问题上存在分歧；但考虑到这些争论涉及的一些概念是形而上学概念，而非自然理论（physiological）概念，另一些似乎是用于解释宇宙最初起源，对于解释宇宙中的现象则不甚必要。因此，我可以说，这两个学派都赞同用物质和运动（locomotion）解释现象；……这种哲学用微粒（corpuscles），或者可被称之为微粒的细微物体来解释事物；我有时称其为为“腓尼基哲学”（Phaenician Philosophy），[①] 因为据说在伊壁鸠鲁和德谟克利特，甚至在留基波在希腊教授这些学说之前，腓尼基的自然学者就惯于用物体微小粒子的运动和其他性质来解释自然现象。因为它们很明白，机械机制很有解释力，我有时将其称为‘机械假说或哲学’。[②]

波义耳在《形式与性质的起源》的理论部分中对逍遥学派的“形式”（form）和“性质”（quality）等范畴做出微粒论解释。在驳斥了逍遥学派的质形论（hylomorphism）、评价了原子论和笛卡尔的机械哲学之后，波义耳把微粒论“假说”归为十项：[③]

（1）构成所有自然物体的物质（matter）是同一的，是有广延的、不可入的；

---

① 17世纪一些笃信宗教的人认为，斯特拉波（Strabo）提到的原子论的创立者，腓尼基人摩西乌斯（Moschus）就是圣经中的摩西（Moses），这种无法稽考联系，为异教色彩的古希腊原子论找到与基督教神学的契合之处。参见 Mary-Boas Hall. The Establishment of the Mechanical Philosophy [J]. Osiris，1952 (10)：424.

② Thomas Birch. The Works of Honourable Robert Boyle [G]. London：J. & F. Rivington，1772，Georg Olms Hildesheimeim reprinted in Germany，1965 (1)：355—356.

③ Thomas Birch. The Works of Honourable Robert Boyle [G]. London：J. & F. Rivington，1772，Georg Olms Hildesheimeim reprinted in Germany，1965 (3)：35—37. 同见 M. A. Stewart，Selected Philosophical Papers of Robert Boyle [M]. Cambridge：Hackett Publishing Company，1991：50—53.

（2）由同一物质组成的各种物体由于不同的属性（accidents）而得以区分；

（3）运动并非物质的本质（essence）［因为物质静止时也保持其本性（nature）不变］，[①] 也并非由其他属性（accident）产生［相反，其他属性由运动产生］，可视作物质主要的禀性（mood）或效应（effection）；

（4）各种形式的运动可促使物质分开为碎片和部分；经验［尤其是化学操作］显示，这种分离作用可将物质分成极其微小的部分，小到无法被感知。

（5）最微小的组分，或者说，“最小自然质”（minima naturalia）［以及由之构成的各种凝结物］，都有特定的大小和形状。大小、形状和运动或静止是这些不可感知的物质组分的三种首要或普遍的属性或效应；

（6）一般物体由这些粒子及微粒逐步凝结而成，在凝结过程中，聚集在一起的粒子或微粒必然依照一定的位置排列，呈现出一定的姿态和顺序，可称之为物体的“织构”（texture）。这类效应属于物体自身，与感官或其他自然物无关。

（7）人的各种特定的感官分别适于接受上述各类特定效应的刺激，各种感觉由此而致，分别称之为热、颜色、声音、气味等。一般认为，这些感觉导源于外部物体的独特性质，这些可感的性质，连同其他性质一道，是物质的上述普遍效应所导致的结果。

（8）通过加入或取出微粒，或调换原有的微粒次序，或同时采用两种以上的方法，可改变物体的织构，获得一定的性质组合。不同的性质组合，对应着不同的物体［如金属、石头，或其他物体］。

（9）本质属性（essential accidents）的聚合（convention）就是物体的“形式”（form）［譬如，对称的排列和赏心悦目的颜色组合在一起就显得美］。形式所指的就是物质的特定的存在方式（a determinate manner of existence of the matter），或者说，对物质而言，是一种本质性的修正（essential modification），这样讲是因为，尽管属性的聚合对物质而言只是偶然的［因为物质还可被赋予其他一些属性］，但对特定物体而言，仍然是本质上必要的，否则该物体不成其为该物体。

（10）物体能拥有许多不在构成其形式的必要性质之列的其他性质，获得或失去任何性质，严格意义上都意味着改变（alteration），如油的冻

① 方括号是波义耳原文中补充的解释。

结、变色或变馊；如果物体一些和所有的本质属性丧失或被摧毁，这种显著变化可称为腐败（corruption），如油燃烧，油被毁灭同时产生火。当物体缓慢消灭时，会获得刺激感官的性质，特别是气味和味道，如水果腐坏。这类腐坏有一特殊名称“腐烂”（putrefaction）。但是在上述变化和腐败中，没有任何物质真正地摧毁或产生，只有“组分的特殊连接”（special connexion of the parts）或“共存方式”（manner of their co-existence）的变化。①

波义耳的微粒论与一种唯意志主义自然神学关联密切。他分辨说，支持微粒论并不意味着认同伊壁鸠鲁主义学说，即原子在无限的虚空中偶然相遇产生世界和现象；或者认同现在的一些学派（即笛卡尔学派），即上帝通过赋予物质整体某一不变的运动量而创世，物质的部分通过盲目的运动形成了自然。波义耳的微粒哲学所处理的是有形的物质世界。对伊壁鸠鲁主义者，他指出，上帝不仅赋予物质运动，而且从一开始就引导着物质各部分的运动，使之按照他的设计（通过活性要素、结构或生命的模式）构成世界，并建立人们惯常称之为自然规律的运动法则和物质事物秩序。对于笛卡尔学派，他指出，物质的运动与规则一直为上帝的普遍意志所设立、所维持。② 波义耳微粒论的内容具体如表 2—1 所示。

表 2—1　波义耳微粒论的内容③

本体论承诺	方法论原则（辅助推定）
真空存在； 物质实际分为同质的自然最小质； （物质层系学说）由自然最小质凝结为第一凝结物、第二凝结物……乃至构成物体的最大微粒	结构—性质对应原则：微粒结构决定事物性质； 自然最小质具有第一性的质：大小形状和运动； 可感性质取决于微粒与感官的相互作用； 物体的化学性质（第二性的质取决于微粒的结构）； 隐秘的质，如电、磁等性质，有待于（机械）解释

波义耳持有一种特点鲜明的机械论哲学，区别于伊壁鸠鲁主义的原子论与

① 对电磁等“神秘性质”做机械解释之时，波义耳还提出微粒结构中的孔洞（pore）以及脱离物体的微粒流射（effluvium），这些都属于机械性质，即其他性质的机械原因。

② Thomas Birch. The Works of Honourable Robert Boyle [G]. London：J. & F. Rivington，1772，Georg Olms Hildesheimeim reprinted in Germany，1965（4）：68—69.

③ 袁江洋．重构科学发现的概念框架：元科学理论、理论与实验 [J]，科学文化评论，2012（4）：69．“本体论承诺”即微粒论的机械原则，“方法论设定”即解释现象的“性质”理论。

笛卡尔主义的微粒学说，思想要点如下：

（1）区分第一与第二性质：伊壁鸠鲁主义的原子论学说认为原子是永恒的，不承认上帝的创造和推动，并且将一些第二性的质（如冷、热、味道等可感性质）直接归诸原子的特定形状。而上帝在波义耳自然哲学中具有十分核心的地位，不仅是世界的创造者，也是世界的设计者和秩序的维持者。波义耳则区分第一性质和第二性质，认为最小微粒是不可感知的。主张用微粒的排列、微粒间的孔洞等“织构”（texture）解释物体特定性质的机械原因。

（2）上帝的创造、设计和直接干预：笛卡尔承认上帝创世和第一推动，但不接受上帝意志的直接干预；笛卡尔只承认机械碰撞，否认任何“活性作用”。与炼金术实践相联系，波义耳认为打开或重新构成微粒团，实现物质“嬗变”需要“活性要素”的作用，这恰好印证上帝的设计。

（3）真空可能存在：笛卡尔将物质与广延相等同，否认真空。波义耳虽然没有提出“真空存在”的形而上学，但是“真空存在”对于上帝的万能意志而言是可能的，并且间隙或孔洞（pore）也是解释物质性质的一项重要机械机制。

（4）粒子状的“以太”：笛卡尔主张，粗重粒子的间隙被精微的“以太”充满；波义耳否认笛卡尔学派那种充塞宇宙的“以太”；若“波义耳真空”中存在某种“精微物质”，也是一种能穿越间隙或虚空的粒子状“以太”。

表 2－2　波义耳微粒论的主要特点

机械论学说	与波义耳一致	与波义耳相异	特点
伽森狄 原子论	认同惰性物质运动的原因是造物主； 原子除广延、还具有不可入性等； 承认真空	波义耳同意微粒的机械属性，对重力、磁力等性质则较谨慎； 将性质归为微粒及其织构	把重力等归为基本属性； 将特殊性质归为原子特定形状
笛卡尔 机械论	拒绝“实体形式”解释； 强调物质和运动为宇宙的根本原则；	波义耳否认普满的以太； 认为上帝推动、指导并维持运动	空隙被以太充满，以太推动粗重物质运动； 物质等同广延，否认真空

续表2－2

机械论学说	与波义耳一致	与波义耳相异	特点
培根机械思想	拒绝“实体形式”； 重视用微粒运动解释性质（比如冷热）	波义耳重视经验，也重视解释“性质”的微粒论	批评三段论；经验研究“形式”； 拒绝“实体形式”及“神秘因素”

四、波义耳实验的渊源及内容

波义耳的实验研究主要有三方面的来源：一是培根“新科学”的精神和经验研究计划；二是伽利略、梅森尼、托里拆利、帕斯卡等人的力学实验所展示的经验研究方法；三是经由乔治·斯塔基等人的影响，他所接触到的帕拉塞尔苏斯和赫尔蒙特的实用化学或炼金术实验以及理论。

弗朗西斯·培根批评经院学术的三段论推理“前提蕴含结论”，无法获取新知。他提倡对事物进行经验考察和归纳研究，人类应当探索自然、展示上帝的荣耀，“新科学”应当增进人类社会的福利。

> 正是因为人们不停地对自然进行抽象，直至变成（将其抽象为）潜在的和不明的物质，另一方面，又不停地分析自然，直到原子为止；这些事情即便是真实的，也对人类的福利几乎没有助益。①

系统的实验是现代科学区别于古代自然学术最为显著的方面。培根认为广泛收集经验材料的博物学研究是实验的起点。1605 年的《伟大的复兴》中，培根提出“发现事物的形式”（培根沿袭传统用法的习用术语，即研究和解释事物的性质）：

> 我发觉，形而上学的这一部分尚未完成，甚至未得到尽力的研究，为何是这种情况我也并不惊奇；因为我认为，它不可能在那种惯于进行的过程中实现，因为人作为所有错误的根源，过早地忽视了那些特殊性质。②

---

① Mary-Boas Hall. The Establishment of the Mechanical Philosophy [J]. Osiris，1952 (10)：439.

② 转引自 Mary-Boas Hall. The Establishment of the Mechanical Philosophy [J]. Osiris，1952 (10)：440.

即是说，人们还没有对“特殊性质”进行充分的经验考察，就转向了抽象和思辨。以热的经验研究为例，机械扰动、摩擦或锤击都可以在物体中产生热，故培根认为“热是一种扩张性的运动，作用于物体的较小的粒子并受其限制”。培根对热的解释不涉及原子论的“火的原子”或“热的原子”。[①] 培根拒绝亚里士多德物理学的内在形式或性质，也拒绝流行的神秘吸引力、亲和力等学说；主张对物体的“形式”或性质进行经验考察，做出理智解释。[②]

再比如，波义耳《关于冷的新实验和观察》参照了培根《木林集》（*Sylva Sylvarum*）中对冷的论述。[③] 虽然，波义耳的实验研究以假说为基础，但他坚持研究应该从经验性的研究开始，而且认为，即便离开哲学基础，实验本身也很有价值。波义耳说：

> 一些精巧的例证显示，即便是对于沉思、讯问中的思辨自然学者，化学实验也会很有帮助。但这种性质的研究面临三类困难，首先是需要闲暇……另一个障碍我曾提过，我那些可能不被任何当代哲学所接受的判断，我将保留到我能提供实验来加以评判时（再提出）；我有意克制去理解原子论的、笛卡尔的，或其他任何新的和复兴的哲学，因为，（在这些理论的纠纷中）我简直无法说明化学实验如何阐明化学学说；我的读者中的博学者，有的更欣赏伊壁鸠鲁学说，其他人（尽管是少数）更倾向笛卡尔的观点；一个理论让清醒地抱有不同信念的人都满意，似乎很难。[④]

可见，波义耳十分强调实验的基础地位。波义耳称其自然哲学为“实验的自然哲学”（experimental natural philosophy）。实验是波义耳自然哲学最为显著的特点，莱布尼茨赞赏波义耳的实验，但出于“唯理论”立场他也抱怨波义耳的经验研究显得不够有效率：

---

① Mary-Boas Hall. The Establishment of the Mechanical Philosophy [J]. Osiris, 1952 (10): 440.

② “形式”源于经院哲学，培根的“形式”意为“性质的原因”，已与逍遥学派“实体形式”或“内在形式”相距甚远。

③ Thomas Birch. The Works of Honourable Robert Boyle [G]. London: J. & F. Rivington, 1772, Georg Olms Hildesheimeim reprinted in Germany, 1965 (2): 468.

④ Thomas Birch. The Works of Honourable Robert Boyle [G]. London: J. & F. Rivington, 1772, Georg Olms Hildesheimeim reprinted in Germany, 1965 (1): 355.

> 波义耳先生为追求真实，花费了太多的时间，可是从无数出色的实验中得出的那些结论，不过是他看作是自然的原理的东西……那些原理只须用理性就能证明为真，然而无论多少实验却不能证明它们。[①]

波义耳对颜色、声音、冷热、电、磁等性质的研究是继承培根遗产的结果。这些研究事物“性质”的写作，其总体目标是编纂“关于性质的历史”（a history of qualities），为完备的性质理论提供坚实的基础。[②]《形式与性质的起源》的出版商在序言中明言波义耳这些成就与培根的联系，“很高兴看到维卢兰伯爵（指培根）的崇高计划获得充分而齐备的完成。即是说，一种实在的、有用的‘实验的自然哲学’在简明、真实而被普遍接受的原则之上被建立起来了”[③]。显然，波义耳对此是认同的。

波义耳1661—1675年间的出版物中包含六篇主要关于“特殊性质”的论文：波义耳自述，《一些自然研究论文》是“作为培根《木林集》（*Sylva Sylvarum*）续集为目的集合起来的”[④]；此类研究性质的著作还包含《关于颜色的实验和思考》《关于冷的新实验和观察》《形式与性质的起源》《论事物的系统性质和普遍性质》《特别性质的机械起源》。这一时期的其他著作也与解释事物性质相关，如《怀疑的化学家》攻击元素论的理由是：“自然中有成千上万的现象，包括与人类身体相关的属性（偶性）。元素论的拥护者很少对它们给出清楚而令人满意的说明。”[⑤] 即是说，元素论对于正确解释事物性质不但没有助益，反而是一种障碍。此外，《空气泵新实验》和《微生物的性状和起源》中也包含大量博物学性质的研究。波义耳实验中涉及运动、压力、液体静力学、钟摆，明显受惠于伽利略、托里拆利、梅森纳、惠更斯等同时代人。

---

① Marie Boas. Robert Boyle on Natural Philosophy [M]. Bloomington: Indiana University Press, 1965: 43.

② “性质的历史”在这里的意思是关于性质的一种广泛的、博物学性质的收集和研究。

③ Thomas Birch. The Works of Honourable Robert Boyle [G]. London: J. & F. Rivington, 1772, Georg Olms Hildesheimeim reprinted in Germany, 1965 (3): 2.

④ Thomas Birch. The Works of Honourable Robert Boyle [G]. London: J. & F. Rivington, 1772, Georg Olms Hildesheimeim reprinted in Germany, 1965 (1): 305－306. 转引自 Peter Anstey. The Philosophy of Rpbert Boyle [M]. London; New York: Routledge. 2000: 18, 32.

⑤ Thomas Birch. The Works of Honourable Robert Boyle [G]. London: J. & F. Rivington, 1772, Georg Olms Hildesheimeim reprinted in Germany, 1965 (1): 459. 参见罗伯特·波义耳. 怀疑的化学家 [M]. 袁江洋，译. 北京：北京大学出版社，2007: 4.

几部题为“实验的自然哲学的用处”[①]（*usefulness of experimental natural philosophy*）的文集中，波义耳对实验哲学方法论进行了集中讨论。[②]把自然哲学的方法论与自然神学问题联系起来，波义耳的这种理念继承自培根的“理智崇拜”自然神学，其中知识的实用目的、经验研究、实验方法、信仰上帝融为一体。[③] 与培根相比，波义耳更加注重实验技巧和精心设计；注重为解释实验构造“假说”，这样，实验研究就与构建和阐述微粒论的努力关联起来。波义耳在某些领域进行实验探索，常把之后的具体研究留给别人；比如他对毛细管现象感兴趣，因为胡克致力于这项研究而取消；他曾说对光与颜色可做更充分的研究，由于牛顿的光学研究而转移研究。除了不懈的博物研究和广泛的事物“性质”研究，他仅对“空气泵实验”和炼金术－化学实验保持终生的研究兴趣。这是因为这两方面的实验与波义耳微粒论的验证与建构密切相关。

“空气泵实验”不仅涉及空气弹性的机械解释，更重要的是，关系到实验中“制造真空”的可能性。揭示“波义耳真空”对声音、磁、燃烧、冷热、呼吸、化学反应等现象产生某种“效应”，不仅有助于确认“波义耳真空”是否是绝对的空，还有助于对这些现象做进一步的机械解释。“真空存在”作为微粒论的形而上学预设，在实验中获得支持，实验增进和加强了对于逍遥学派自然学说和各种“充满论”的反驳。炼金术－化学实验在“实验哲学”的近代传统中占据重要地位。众多近代自然哲学家，包括培根在内，都是勤奋的炼金术

---

① 第一部：论文一：实验哲学的用处，主要是联系到人的心灵；论文二，题名与前同；论文三，前两者的继续；论文四，必需的离题讨论，排除与物质概念相绞缠的无神论；论文五，被离题讨论打断的讨论之继续。

第二部第一部分：论文一：关于物理学的病理学（pathological）部分的一些特例；论文二：关于物理学的症候学（semeiotical）部分的一些特例；论文三：关于物理学的卫生学（hygieinal）部分的一些特例；论文四：提供一些特例，其中自然哲学有益于物理学的治疗学（Therapeutical）部分。

第二部第二部分：实验哲学的用处；论实验哲学对于优于低等生物的人之王国的用处；论数学对自然哲学的用处，或人的王国如何得益于自然学者的数学技能；论力学原理对于自然哲学的用处，自然学者的力学技能如何有助于展示人之力量；通过自然学者的商业洞察力，人类的福利能得到很大的提升。

② 关于“实验的自然哲学”，Experimental Natural Philosophy，Experimental Philosophy，Experimental Physiology 无明显差别。

③ 袁江洋. 论牛顿－波义耳思想体系及其信仰之矢——17 世纪英国自然哲学变革是如何发生的 [J]. 自然辩证法通讯，1991（1）：43－52.

实践者。波义耳在斯塔尔布里奇定居后，接触了哈特里布圈子的许多炼金家。波义耳从 1650 年起，在炼金家乔治·斯塔基的指导下从事炼金术－化学实验。这一时期，帕拉塞尔苏斯、赫尔蒙特、培根的著作成为波义耳的实验向导。这些成果展现在《怀疑的化学家》中，成为提出微粒论假说的实验基础。

第三章　真空问题与空气泵实验

第一节　“空气泵实验”的由来

一、空气或真空研究的地位

空气泵在 17 世纪实验科学领域名声显赫。鲁伯特·霍尔说，在早期科学实验室中，空气泵是继炼金术士的熔炉和蒸馏装置之后近代化学新发明的第一个大型实验设备，是“那个时代的粒子回旋加速器”。[①] 波义耳的真空检测或空气研究实验大都用到空气泵，故称为“空气泵实验”，尽管一些实验不涉及气泵的抽气。

这些实验，1660 年发表为《空气泵新实验》。[②] 1669 年发表《空气泵新实

---

① 史蒂文·夏平，西蒙·谢弗. 利维坦与空气泵　霍布斯、玻意耳与实验生活［M］. 蔡佩君，译. 上海：上海人民出版社，2008：28.

② Thomas Birch. The Works of Honourable Robert Boyle［G］. London：J. & F. Rivington，1772，Georg Olms Hildesheimeim reprinted in Germany，1. 1965（1）：1—117. *Experiments Physico-Mechanical*，*Touching the Spring of Air*，*and its Effects*（1660），（《物理力学新实验，研究空气的弹性及效应》），签署日期显示写作于 1959 年，简称《空气泵新实验》。

验续》，增删优化实验，每一实验简要标注了实验内容。[①] 1680 年发表《空气泵新实验续之二》，将实验分为不同的主题，标注实验日期，新增实验数据图表。《空气泵新实验续之二》原版为拉丁文，为方便流传扩大影响，1682 年译为英文。[②]《空气泵新实验》《空气泵新实验续》《空气泵新实验续之二》展示了波义耳细致描述实验，扩大了"实验哲学"影响的努力。这三篇实验论文分别报告了 43、50、183 个实验，具体内容详见附录一。

除了波义耳的实验报告及相关论文，与"空气泵实验"相关的近代文献有哲学家托马斯·霍布斯（Thomas Hobbes）、耶稣会士弗朗西斯·莱纳斯（Francis Linus），以及荷兰学者安东尼·德新（Anthony Deusing）对空气泵实验的反驳或评论。

波义耳在《对莱纳斯的辩护》拉丁版序言中对德新进行了简短回应；[③]《辩护空气的重量和弹性原理，反驳莱纳斯的批评》作为《空气泵新实验》第二版附录出版（1662）；[④] 波义耳和霍布斯在气泵、空气、冷热等很多方面的解释都存在分歧。他在《反思霍布斯〈物理学对话〉——涉及波义耳的气体弹性新实验》（1662）中集中反驳了霍布斯的评论与批评。[⑤]

《空气泵实验》三篇文集的出版跨越 20 年，贯穿波义耳的学术盛年，对于其自然哲学十分重要。分析波义耳发表于英国皇家学会《哲学汇刊》（*Philosophy Transanction of Royal Society*）上的篇目，可显示他的研究兴趣及"空气泵实验"的意义，具体见表 3－1。

---

① Thomas Birch. The Works of Honourable Robert Boyle [G]. London: J. & F. Rivington, 1772, Georg Olms Hildesheimeim reprinted in Germany, 1965 (3): 175－276, *A Continuation of New Experiments Physico-Mechanical, Touching the Spring and Weight of the Air, and the Effects* (1669), (《续物理力学新实验，研究空气的弹性、重量及效应》), 签署日期显示写于 1667 年，简称《空气泵新实验续》。

② Thomas Birch. The Works of Honourable Robert Boyle [G]. London: J. & F. Rivington, 1772, Georg Olms Hildesheimeim reprinted in Germany, 1965 (4): 505－593, *A Continuation of New* Experiments Physico-Mechanical, the second part ... contained *experiments made both in compressed air and also in factitious air* (1680), (《续物理力学新实验》，第二部分)，简称《空气泵新实验续之二》。

③ Michael Hunter. The Life and Thought of Robert Boyle [OL]. http://www.bbk.ac.uk/boyle/biog.html.

④ Thomas Birch. The Works of Honourable Robert Boyle [G]. London: J. & F. Rivington, 1772, Georg Olms Hildesheimeim reprinted in Germany, 1965 (1): 118－185.

⑤ Thomas Birch. The Works of Honourable Robert Boyle [G]. London: J. & F. Rivington, 1772, Georg Olms Hildesheimeim reprinted in Germany, 1965 (1): 186－243.

表 3-1 波义耳在《哲学汇刊》发表的论文

序号	年份	卷号	页数	题目或主旨
1	1665	1	10	对畸形牛犊的解释
2	1665	1	10～11	关于特别的德国铅矿石的用处
3	1665	1	11	关于一种匈牙利药丸和同样效用的美洲药丸
4	1665	1	11～13	关于美洲百慕大附近的鲸鱼新种
5	1665	1	13～15	关于不同纬度的海上钟摆观察的结果的叙述
6	1665	1	15～16	关于一个杰出人物的性格，最近在海外出版
7	1665	1	17～18	来自罗马的书信，关于最近的彗星和新的彗星
8	1665	1	18～20	来自巴黎的书信，关于上述罗马书信的反响
9	1665	1	45～52	对波义耳冷的研究的进一步解释
10	1665	1	179～181	此前对牛津附近地震及伴随现象解释的确认
11	1665	1	181～185	对气压计的观察和说明的通信
12	1665	1	186～189	某一国家自然史的导论
13	1665	1	190～191	来自荷兰的信，关于防止船只被虫蛀
14	1665	1	191～197	新近出版的书（霍布斯《几何学基本理论》）
15	1665	1	315～316	对海的其他研究
16	1665	1	316～320	对身体中隔膜的一些思考
17	1665	1	320～321	对化石形成的观察
18	1665	1	321～323	一种吃石头的虫子之间的关系
19	1665	1	385～388	波义耳提供 Mr. Lower 的实验，关于输血的改进
20	1666	2	581～600	关于轻与空气关系的实验
21	1666	2	600～604	两本书的介绍
22	1666	2	605～612	对炭和木头燃烧的同异的实验和观察
23	1672	7	5108～5116	对肉燃烧的观察
24	1672	7	5156～5159	波义耳新实验，大气重量变化作用于水下物体
25	1673	8	6113～6115	波义耳关于希腊蔬菜形状的通信
26	1674	9	147～146	对两种赫尔蒙特酊剂的解释
27	1675	10	310～311	对鱼鳔的一些猜想
28	1675	10	329～348	波义耳发明一种新的简易器具（鉴别金币成色）

续表3-1

序号	年份	卷号	页数	题目或主旨
29	1675	10	467～476	弹性减弱空气及未观察到效应的一些新实验
30	1676	11	775～787	波义耳新实验，液体表面及两液体接触面的形状
31	1676	11	799～808	续上一期的实验（液体接触表面的形状）
32	1693	17	627～641	波义耳检查淡水或水的盐度的方式

表3-1中，1～4、7、10、13、15～19属于搜集经验材料的博物研究，与波义耳早年受培根影响注重经验研究相符；5、7分别讨论钟摆、彗星，显示波义耳对同时代自然哲学热点问题的关注；9对冷的研究，22、23对燃烧的研究，也是遵循培根对自然现象进行经验考察的计划；11、20、24、27、29讨论空气弹性、压力和重量的实验及其解释；涉及空气研究的论文有五篇，为数最多，反映出“空气弹性”或真空问题之于“新科学”自然哲学的重大关切，展示了波义耳与逍遥学派、笛卡尔学派、霍布斯等人的争论。只有26与化学实验（关于赫尔蒙特的两种酊剂）相关；而没有一篇论文涉及微粒论的阐述。

波义耳的化学实验及理论著述少见于《哲学汇刊》，我们分析可能有以下三个原因：一是，当时化学理论粗浅，不被接受为自然哲学。二是，作为皇家学会的创始者之一，波义耳的研究常见于创刊早年的《哲学汇刊》（1665—1666）；此后，波义耳的研究成果多出版为书籍，而他的助手罗伯特·胡克（Robert Hooke）、丹尼斯·帕平（Denis Papin）则发表了多篇空气研究论文。三是，早期皇家学会浓厚的“培根科学”氛围，注重实用知识，因此纯粹的理论论文少见于《哲学汇刊》。

“空气泵实验”相关论文的编撰出版一直伴随波义耳的其他实验研究及对微粒论学说的阐述：其他包含化学、冷热、颜色、磁实验，探索现象解释的实验。如《怀疑的化学家》中的那些化学实验，大多在1644—1652年间完成，时间上先于他的《空气泵实验》。1660—1682年间，他出版了众多化学实验及理论著作，如《一些自然研究论文》《形式与性质的起源》《化学要素可生成性的实验和笔记》等；以及探索对冷热、颜色、电、磁等现象作机械解释的实验论文，如《关于颜色的实验和思考》《关于冷的新实验和观察》《反思霍布斯的冷的学说》《关于奇妙的精微物质、巨大的效能和流射的确定性质》等。因此，“空气泵实验”的意义绝不止于史蒂文·夏平所谓维护“确立经验事实”的社会文化遗物，或对气体弹性的解释或博物学研究；而是与波义耳在其他领域的实验和阐述微粒论学说的努力相联系；其目的在于，基于实验，驳斥逍遥学派自然哲学，建立对自然现象的理智的机械论解释、拓展“新科学”的领域、构建“新科学”的自然理论。

二、大气压力研究、空气泵的由来和波义耳定律

亚里士多德学派认为，四元素充满“月下世界”，每一元素有相应的“自然位置”：以地心为中心“土”元素最重、“水”次之、“气”再次、“火”最轻；离开自然位置之后物体有返回的趋向，表现为“重量”；如此可以推论静止的“气”或“水”没有重量。逍遥学派有限、充满、畏惧真空的宇宙论无法解释开普勒等人发现的大气压力。实用问题方面，矿井抽水“最大汲取高度”的原因也引发疑惑；[①] 大气压力或真空研究在理论和实用方面，对于“新科学”都具有重大意义。

意大利人埃万杰利斯塔·托里拆利（Evangelista Torricelli），伽利略的学生，1643 年在设计水银气压计的实验中发现了“托里拆利空间”，从而引发了这一空间是否是真空的广泛争议。[②] 法国人布莱士·帕斯卡（Blaise Pascal）的“多姆山实验”（1648）显示了不同高度大气压力的变化。奥托·冯·盖里克（Otto von Guericke）[③] 1650 年发明活塞式真空泵；1654 年 5 月 8 日在现德国雷根斯堡（Regensburg）进行了著名的“马德堡半球实验”：抽空两个铸铁半球间的空气后，两边各用 15 匹马竟也不能拉开。该实验展示了巨大的大气压力，引起欧洲的公众轰动。

1658 年左右，波义耳从塞缪尔·哈特里布（Samuel Hartlib）那里得到了耶稣会士加斯帕·肖特（Gaspar Schott）的新书《水压气体力学》（*Mechanica Hydraulico-pneumatica*，1657）；由此获知盖里克的“马德堡半球实验”。相比托里拆利的装置，盖里克的抽气装置能够可控地制造“真空”，但十分笨重，需要几个壮汉才能运转，而且抽气效率不高。于是，波义耳就与

---

① 托马斯·库恩．哥白尼革命——西方思想发展中的行星天文学［M］．吴国盛，译．北京：北京大学出版社，2003：80．

② 长玻璃管（按现代单位计约 1 米）一端封闭，装满水银后，倒置于水银槽，水银液面从玻璃管顶部下降，直到玻璃管中汞柱高度降为约 76 厘米，上部留出“空间”。

③ 于 1646—1676 年间任罗马帝国马德堡市市长。

实验助手罗伯特·胡克一起制作简便易控的空气泵。①

波义耳的空气泵具体如图 3−1：容器使上端开口的玻璃球置于支架上，容器底端安装阀门与抽气唧筒连接；唧筒抽气配合开关阀门，抽出容器中的空气，直至成为"真空"。② 在实验中，空气泵得到不断的改进，比如将抽气唧筒没入水中，以保证其气密性；再如把容器设计为覆盖在平台上的密封玻璃罩等，如图 3−2。这些改进使真空检测和空气研究能更为方便地操作。③

图 3−1 牛津科学史博物馆重制的空气泵④

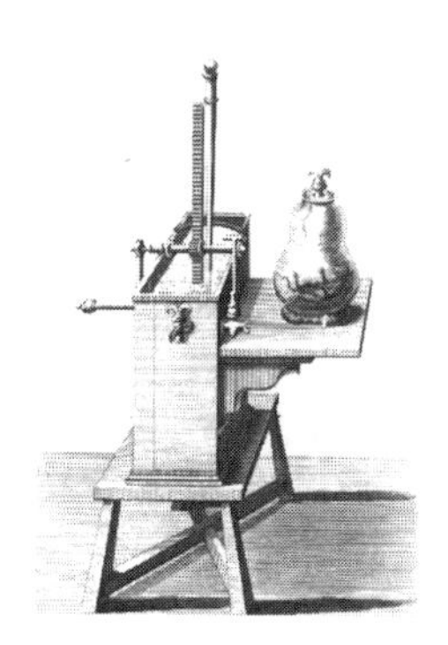

图 3−2 一种改进型波义耳气泵图示

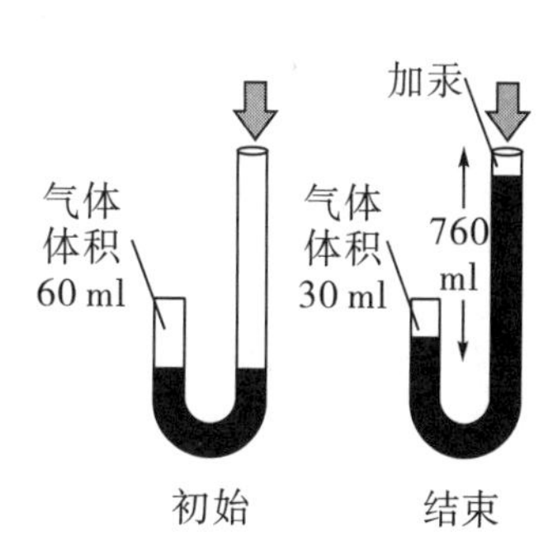

图 3−3 气体压缩实验装置示意图

1662 年，《辩护空气的重量和弹性原理，反驳莱纳斯的批评》作为"空气泵新实验"第二版的附录发表。这是波义耳回应耶稣会士莱纳斯（1595—1675）⑤ 对空气泵实验批评的一篇文章，其中记载了压缩或扩张气体的实验，是物理教科书中所谓"波义耳定律"的出处。如图 3−3 所示：制作长 3 米多、

---

① Marie Boas. Robert Boyle and Seventeenth Century Chemistry [M]. Cambridge: Cambridge Press，1958：34. 又参见 Thomas Birch. The Works of Honourable Robert Boyle [G]. London：J. & F. Rivington，1772，Georg Olms Hildesheimeim reprinted in Germany，1965 (1)：6.

② 图片借用 John B. West. Robert Boyle's landmark book of 1660 with the first experiments on rarified air [J]. Japanese Applied Physiology，2005 (98)：31—39.

③ 若未注明，文中关于"空气泵实验"的图片均来自前文所引用的 Thomas Birch 编著的 *The Works*。

④ 波义耳所用"空气泵"有多种样式，但总的来说包括两大部分：一是密闭中空容器，二是连通密闭容器的抽气装置（"唧筒"，即两端含有自动开闭瓣膜中间加有活塞的抽气筒）。

⑤ Franciscus Linus 为拉丁拼法，英语为 Francis Line，可译为"莱纳斯"或"莱恩"，罗马天主教耶稣会修士中著名自然学者，倾向亚里士多德学派，对波义耳、牛顿等许多科学家都提出过驳难。

一端封闭的玻璃管完成J型。从“长脚”开口端逐次加入或倒出汞，使密闭在“短脚”中的空气受到压缩或扩张，读出气体体积及所受压力的数据。这两个实验并没有用到空气泵，但因为是对“空气泵新实验”中E1～9、E32、E33、E36等空气弹性研究的进一步说明，仍可被归入“空气泵实验”的范畴。波义耳说：

> （耶稣会士弗朗西斯·莱纳斯）虽不否认空气有一些重量和弹力，但认为这（弹性）远不像我们所说的那样，足以平衡29英寸高的汞柱的压力；我们将努力地以专门的实验显示，空气弹性，不仅能解释托里拆利实验，还能够做更多的事情。①

莱纳斯承认空气与其他物体一样都具有弹性，但其弹性是有限的，并不足以产生支持汞柱的大气压力。托里拆利空间中存在着某种“索状物”（funicunus）拉住了汞柱才使其保持一定的高度，同样高出液面的汞柱中也有这种“索状物”，使其回复到液面。并举出证据：两端开口的玻璃管没入汞中，用手指封住顶端向上提升，感觉手指受到的牵引力逐渐增加，这显示汞中存在的“索状物”。

莱纳斯以空气“弹性有限”作为理由，实际上是将空气与其他物体（水、土等元素）放在一起理解。在逍遥学派充满宇宙中，与其他物体一样，空气不能被无限“稀薄化”，因为“气”占据着它的空间；也不能被无限地压缩，因为“气”里面没有虚空，因此弹力是有限的。由于其他物体的推动，空气可能偏离其自然位置而具有一定“重量”，但难以设想空气巨大重量以及它与弹力之间的关联。因此，莱纳斯“索状物”假说是为亚里士多德学说解释空气弹性和重量现象而特设的力学机制，反映了“自然害怕真空”的残留观念。那么，如果实验显示空气压缩可以产生很大的压力，以及空气可被极大地稀薄化，就可以说在托里拆利实验中，大气压力支持了大约29.5英寸汞柱，根本不需要臆想或假设存在某种“索状物”。

---

① Thomas Birch. The Works of Honourable Robert Boyle [G]. London: J. & F. Rivington, 1772, Georg Olms Hildesheimeim reprinted in Germany, 1965 (1): 156.

A table of the condensation of the air.

A	A	B	C	D	E
48	12	00	Added to 29⅛ makes	29 2/16	29 2/16
46	11½	01 7/16		30 9/16	33 6/16
44	11	02 13/16		31 15/16	31 12/16
42	10½	04 6/16		33 8/16	33 1/7
40	10	06 3/16		35 5/16	35 - -
38	9½	07 14/16		37	36 15/19
36	9	10 2/16		39 5/16	38 7/8
34	8½	12 8/16		41 10/16	41 2/17
32	8	15 1/16		44 3/16	43 11/16
30	7½	17 15/16		47 1/16	46 3/5
28	7	21 3/16		50 5/16	50 - -
26	6½	25 3/16		54 5/16	53 10/13
24	6	29 11/16		58 13/16	58 2/8
23	5¾	32 3/16		61 5/16	60 18/23
22	5½	34 15/16		64 1/16	63 6/11
21	5¼	37 15/16		67 1/16	66 4/7
20	5	41 9/16		70 11/16	70 - -
19	4¾	45 - -		74 2/16	73 11/19
18	4½	48 12/16		77 14/16	77 2/3
17	4¼	53 11/16		82 12/16	82 4/17
16	4	58 2/16		87 14/16	87 3/8
15	3¾	63 15/16		93 1/16	93 1/5
14	3½	71 5/16		100 7/16	99 6/7
13	3¼	78 11/16		107 13/16	107 7/13
12	3	88 7/16		117 9/16	116 4/8

AA. The number of equal ſpaces in the ſhorter leg, that contained the ſame parcel of air diverſly extended.

B. The height of the mercurial cylinder in the longer leg, that compreſſed the air into thoſe dimenſions.

C. The height of the mercurial cylinder, that counterbalanced the preſſure of the atmoſphere.

D. The aggregate of the two laſt columns *B* and *C*, exhibiting the preſſure ſuſtained by the included air.

E. What that preſſure ſhould be according to the hypotheſis, that ſuppoſes the preſſures and expanſions to be in reciprocal proportion.

图 3－4 波义耳记录的空气压缩实验数据

波义耳在“空气泵新实验”中提出空气弹性假说，即气体“像蓬松毛发，在卷起来之后，努力伸展自身的微小弹簧构成”，在此基础上对空气压力、弹力和重量做出机械解释。① 如图 3－4 所示的气体压缩数据表格：第一栏 A 是 1/4 英寸长的刻度读数；第二栏 A 所示是短脚中气体所占管长的英寸数；② 大气压力（C 栏数据）与 J 形管中的汞柱高度差（B 栏数据）之和，得出密闭空气的压力（D 栏数据）；E 栏是由假说推测的密闭空气压力值。

波义耳提出“假定气压与体积成反比例”的假说，假说的预测数值（E 栏数据）与测量数值（D 栏数据）相当吻合。波义耳意在表明“空气弹性”假说可以很好地解释现象，不需要莱纳斯的“索状物”。由此看来，著名的气体定律在波义耳看来不过是这个实验的副产物。

三、史蒂文·夏平解读“空气泵实验”评述

史蒂文·夏平在《利维坦与空气泵》中，对波义耳的“空气泵实验”及相

① Thomas Birch. The Works of Honourable Robert Boyle［G］. London：J. & F. Rivington，1772，Georg Olms Hildesheimeim reprinted in Germany，1965（1）：11.

② Thomas Birch. The Works of Honourable Robert Boyle［G］. London：J. & F. Rivington，1772，Georg Olms Hildesheimeim reprinted in Germany，1965（1）：156. “短端用分为英寸，每英寸又分为八部分，通过贴上带有刻度的纸条来实现。”

关争论做了社会学分析，如他所说，是进行“一项科学知识社会学的演练”。①夏平认同大卫·布鲁尔所提倡的，对知识进行“经验主义的自然主义”社会学或发生学研究。这一理念认为“哲学家们往往使用‘先天的’（a priori）方法对科学进行分析，而社会学家们则使用经验的方法或历史的方法对科学进行分析”；② 17世纪是近代科学在学科领域、方法和研究体系逐步明确的“科学革命时期”，在实验研究方面波义耳最具代表性，尤其空气泵实验，反响最大；通过空气泵实验解释实验科学传统，无疑是实践科学知识社会学的捷径。夏平的主要论述如下：

（一）“生活形式”概念

维特根斯坦追问命题或语言逻辑的确定性以及意义的来源，认为语词意义是在用法中得以理解的，逻辑确定性的根据是“生活形式”；大卫·布鲁尔对“生活形式”概念做出社会学解释，将其运用于科学知识社会学。③ 夏平将“生活形式”运用于对实验的分析，认为“感性的集体见证”是实验的“活动模式”（patterns of activity），主要根据“实验室生活形式”。夏平提倡“广义但非正式地使用”生活形式概念：“对维特根斯坦而言，‘生活形式一词是为了凸显言说是活动或生活形式之一部分这一事实’，我们同样将之当作对不同做事方式以及组织人类以达实际目的之不同方式的争论。”④ 即是说，实验的合理性不是由命题分析所得逻辑标准保障的，而是由“实验室生活形式”这一社会因素所支持的。

（二）“实验室生活方式”

夏平认为，在17世纪英国，在科学领域中求取自然知识与在社会领域中达成共识和秩序，这两个问题是相通的。17世纪英国社会政治对科学影响的研究已颇具规模，其中最具代表性的是詹姆士·雅可布在英国革命的历史背景下解释科学革命。夏平的特点在于，从科学知识社会学的研究纲领出发分析实验科学。因此，波义耳“空气泵实验”就是对“感性见证确立事实”的实验方

---

① 史蒂文·夏平，西蒙·谢弗．利维坦与空气泵 霍布斯．玻意耳与实验生活［M］．蔡佩君，译．上海：上海人民出版社，2008：13，28．

② 大卫·布鲁尔．知识和社会意象［M］．北京：东方出版社，2001：中文版作者前言

③ David Bloor. Wittgenstein：A Social Theory of Knowledge［M］. London：Macmilan，1983.

④ 史蒂文·夏平，西蒙·谢弗．利维坦与空气泵 霍布斯、玻意耳与实验生活［M］．蔡佩君，译．上海：上海人民出版社，2008：12．

法的示范，所谓“实验室生活方式”的合理性需要在更广泛的社会文化中找寻理由。实验研究取得共识获得相对于理性分析的优势的原因是，与实验方法相应的政治主张战胜了与理性决断相应的政治主张——夏平称之为皇家学会“党同伐异强势宣传的大力支持”。[①] 夏平说，在霍布斯看来，感觉意见是纷争的根源，只有理性的决断才能产生共识；而对早期皇家学会和波义耳而言，公共见证才能达成共识，“秘术士”的私人经验、狂热者的私人判断和“现代教义论者”的理性独断都不利于产生共识。夏平实际上将知识的方法论问题转化成了社会政治文化问题。

（三）对两个实验的分析和评述

即“空气泵新实验”E17“托里拆利装置密封于容器中抽空”和“空气泵新实验”E31“贴附大理石薄片在抽空容器中脱离”。霍布斯质疑气泵密封不严，空气抽出后有“以太”（aether）进入，由于实际上无法区分空气和以太，空气泵可能“漏气”。霍布斯认为空气是一种无限可分的流体、纯粹的空气，即不包含土和水的成分，可视为以太。这种学说与笛卡尔的以太理论十分相似，认为纯粹的空气即以太能穿过容器物质粗大微粒之间的缝隙，普遍充满整个空间；霍布斯解释抽气产生内外气压差的原因是以太的循环圆周“意动”（conentur）。霍布斯驳斥“空气弹性假说”的羊毛类比不合乎理性，而“简单圆周运动”是以太意动的“合乎理性的”原因。[②] 霍布斯用“简单圆周运动”“意动”等抽象概念解释现象；波义耳对空气压力和重量的解释与实验紧密相关。

（四）“事实”和“原因”的区分

夏平质疑波义耳对空气泵实验的解释，说他先区分了“事实”与“原因”，又在实验解释中将两者混淆，这样完全是在维护实验解释的“成规”。夏平甚至抱怨波义耳对“事实”和“原因”的区分不够清楚，对实验室成规维护不够有力：“要把波义耳归为糟糕的形式知识哲学家其实很容易，他形构科学知识方法论的能力也不足。”[③] 夏平以为，波义耳的这种区分是对“感性见证的事实”所作的一种社会学意义上的方法论辩护。这显示出史蒂文·夏平理解“实

---

① 史蒂文·夏平，西蒙·谢弗，利维坦与空气泵 霍布斯、玻意耳与实验生活［M］. 蔡佩君，译. 上海：上海人民出版社，2008：4.

② 史蒂文·夏平，西蒙·谢弗. 利维坦与空气泵 霍布斯、玻意耳与实验生活［M］. 蔡佩君，译. 上海：上海人民出版社，2008：336—344.

③ 史蒂文·夏平，西蒙·谢弗，利维坦与空气泵 霍布斯、玻意耳与实验生活［M］. 上海：上海人民出版社，蔡佩君，译. 2008：47.

验”的观念预设，尽管他反对为知识进行“先验辩护”，却又用“证明的语境”中的先验标准来衡量“事实”。所以，夏平说波义耳“将事实与各种因果知识分开以保护前者”不过是一种误解。[①]

波义耳将“空气弹性”称为“假说”，清楚表明这只是一种解释现象的理性假设，而把空气重量、压力称为空气弹性的“效应”。波义耳尝试对“空气弹性”做出进一步的机械说明，如用羊毛线团做比喻，但始终没有提供更微观的机械机制，他承认“空气弹性”的机械机制还不清楚。那么，“空气弹性”并不是被“感性见证”确立的“事实”，而是作为“原因之梯度”解释现象和引导实验的“假说”。波义耳区分“事物或现象”与“原因”的目的在于把事物的形而上学的原因，即最终因和目的因与其机械原因相区分，为自然哲学留出领域。

夏平激进地主张科学不仅没有任何合理性的内在标准，甚至不承认科学的进步；近代自然哲学批驳亚里士多德和炼金术的“隐秘性质”，但机械解释却同样神秘，“现代自然哲学家排斥隐秘性质的同时，却又重新引入隐秘性质”[②]。这些观点难以获得支持。

夏平认为空气泵实验之于波义耳的目的，仅仅是“举例证明一种可行的科学知识哲学”，这种观点脱离历史语境，受到众多批评。实际上，实验方法在17世纪被广泛接受，即使是以理论体系著称的笛卡尔，在光学、力学方面的实验研究也很广泛。波义耳认同笛卡尔机械论的哲学主场，但批评笛卡尔的现象解释，在空气泵实验中考察了笛卡尔所谓“以太”或精微物质之可能的现象。

卡桑德拉·平林克（Cassandra Pinnick）指出夏平所谓霍布斯与波义耳自然哲学的对立形象是虚构的，霍布斯不仅重视“证明的知识”，也重视非证明的“创造”的价值。[③] 迈克·亨特（Michael Hunter）认为夏平将政治考虑作为唯一因素解释实验，忽略了神学等其他重要原因。[④]

---

① 史蒂文·夏平，西蒙·谢弗，利维坦与空气泵　霍布斯、玻意耳与实验生活［M］. 蔡佩君，译. 上海：上海人民出版社，2008：47.

② 史蒂文·夏平. 科学革命　批判性的综合［M］. 徐国强等，译. 上海：上海科技教育出版社，2004：41.

③ 卡桑德拉·平林克. 强纲领的“霍布斯—波义耳”之争的案例分析错在哪里？［M］// 诺里塔·克瑞杰. 沙滩上的房子. 南京：南京大学出版社，2003：364—365.

④ Michael Hunter. Robert Boyle：Scrupulosity and Science［M］. Woodbridge：Boydell Press，2000：9.

罗斯－玛丽·萨尔金特认为波义耳秉承培根的经验研究，但也强调理性假说的运用，其实验哲学用假说指导实验、用实验验证理论，“折中”各种形而上学以寻找正确的自然理论。[①] 玛丽－博厄斯·霍尔（Mary-Boas Hall）认为波义耳的机械论思想受伽森狄和笛卡尔学派影响，但他的微粒论学说却是植根于实验研究独立发展出的。[②]

波义耳的实验哲学不仅是达成共识的方法论程序，而且是探索自然现象解释的系统性研究。他一方面批判经院哲学方法和自然理论，另一方面通过实验哲学建立新理论。空气泵实验一开始就面临与逍遥学派、原子论、笛卡尔学派的形而上学和方法论争论。波义耳不愿涉及纯粹的理论争议，因为难以得出明确的结论，而且不能丰富经验知识。因此，只有全面分析空气泵实验的系统，考察实验的理论预设、假说、实验进展、对现象的解释等，才能理解“空气泵实验”对于波义耳实验哲学的完整意义。

第二节　制造和检测真空

一、波义耳“实验论文”的内容

“空气泵实验”的主要文献是《空气泵新实验》（1660）、《空气泵新实验续》（1669）、《空气泵新实验续之二》（1682），后两篇可看作《空气泵新实验》的续集。在当时实验论文是一种新兴文体，波义耳花费了很多笔墨叙述应该如何写作“实验论文”。史蒂芬·夏平将波义耳实验哲学的“书面技术”称为虚拟见证，即用繁冗的细节叙述和感性的图解塑造一种真实感。[③] 持平而论，波义耳强调详细的实验记录，以便读者有可能验证，还强调记录失败的实验同样

---

① Rose-Mary Sargent. The Diffident Naturalist [M]. Chicago: University of Chicago Press，1995：11，14.

② Mary-Boas Hall. Robert Boyle on Natural Philosophy [M]. Bloomington: Indiana University Press，1966：57.

③ 史蒂文·夏平，西蒙·谢弗．利维坦与空气泵　霍布斯、玻意耳与实验生活 [M]. 蔡佩君，译．上海：上海人民出版社，2008：56—57．从修辞或科学文体视角研究波义耳，见 John T. Harwood. science writing and writing science: boyle and rhetorical theory [G] // Michael Hunter. Robert Boyle Reconsidered [M]. Cambridge: Cambridge University Press，1994：32—56.

有价值。“实验报告”也好，类似几何证明的命题形式也好，知识总需要以某种文体形式传达。实验报告不仅是对实验方法的一种修辞性辩护，也是组织和阐述实验的必要方式。

波义耳对空气泵实验那些质疑作出回应，见《辩护空气重量和弹性原则，回应莱纳斯的反对》（1662）以及《反思霍布斯的空气本性》（1662）。霍布斯和莱纳斯对“空气泵实验”的质疑，不是直接针对实验方法是否有效，而是针对波义耳的现象解释。比如“新实验 E3”，封闭唧筒不易拉开，显示了空气的压力。波义耳的解释是大气重量（作为大气弹性的效应）的结果，而霍布斯的解释是，当空气从物体中被抽出，伴随着一种重新回去的冲力。[①] 这些论辩性的文章没有增加新的实验数据。

“空气泵新实验”及其续集的实验体系，具体内容见附录一。这些实验与空气泵或压缩（或稀薄）空气相关，涉及燃烧、呼吸、声音传播、磁铁、化学反应等。用“空气泵”研究这些“性质”，以及真空对它们的影响，因此通称为波义耳的“空气泵实验”。

第一篇论文《空气泵新实验》研究范围广泛，集中于真空的检测；《空气泵新实验续》则相对集中于空气的弹性或压力研究；“空气泵新实验续之二”主要研究人造空气对物品储存的影响。这些实验不是围绕单一的科学理论（不论是提出假说还是做出判决），而是广泛研究事物诸种“性质”并为之做出解释。

表 3-4　“空气泵新实验”中的 43 个实验

序号	编号	实验研究内容或目的	实验功能及预期	实验结果
1	E1～9	空气泵操作、空气弹性压力	检测仪器	
2	E10～15	抽气对燃烧的影响	熄灭	熄灭
3	E16～17	抽气对磁铁磁性的影响	不相吸引	相互吸引
4	E18～25，39	汞柱、水柱，液体弹性研究	重复实验	
5	E26	抽气对钟摆的影响	摆不停息	摆延续更长
6	E27	抽气对声音传播的影响	听不到	听不到
7	E28	密闭空气的压力	展示空气压力	

① Thomas Birch. The Works of Honourable Robert Boyle [G]. London: J. & F. Rivington, 1772, Georg Olms Hildesheimeim reprinted in Germany, 1965 (1): 17.

续表3-4

序号	编号	实验研究内容或目的	实验功能及预期	实验结果
8	E29～30	容器中的烟雾	反亚里士多德	
9	E31	大理石薄片吸附实验	脱离	不一定
10	E32～36	大气的压力和重量	测量空气重量	
11	E37	抽气时瓶中似乎闪光	光理论	
12	E38	气压对雪盐融化的影响	观察实验	无影响
13	E40～41	昆虫飞行、小动物呼吸	不能	不能
14	E42～43	影响化学反应和水的沸点	探索	无影响

根据关注的问题，“空气泵新实验”可分为四种类型：

第一类，展示气泵操作和空气弹性和压力；如容器抽气后，其中盛气瘪囊被鼓满、密封玻璃瓶爆裂等；见表3-4中1、7、10，共15个实验。

第二类，空气泵中的“托里拆利实验”；论证汞柱由大气重量支撑，或论证大理石薄片贴附是大气压力支持；解释抽气时水中冒泡是隐藏在水中的空气，而不是泄漏进来的“精微物质”；见表3-4中4、9，共10个实验。

第三类，探索空气稀薄化或真空对燃烧、声音、磁性、钟摆、呼吸、融化、酸腐蚀珊瑚、水的沸点等自然现象的影响。此类实验对照抽气前后的现象变化，既探索现象，也为“真空存在”寻求支持。见表3-4中2、3、5、6、11、12、13、14，共16个实验。

第四类，批驳逍遥学派的“自然位置”或空气“轻性”学说，用热炭加热容器中烟雾使其上升，见表3-4中8，共2个实验。

“空气泵新实验”第一类、第三类重在展示仪器使用和显著现象，探索真空对燃烧、声音等现象的效应。第二类实验确认空气弹性是“托里拆利实验中一定高度汞柱”的原因，受到的质疑最多。第四类用实验批驳逍遥学派的自然哲学和空气理论。

表3-5 “空气泵新实验续”中的50个实验

类别序号	原文实验编号	实验描述
1	E1～3	密闭空气弹性使上方液柱升高及其限度
2	E4	“空气-水”喷泉
3	E5、E6、E9	大气压力使器皿破坏而非“畏惧真空”

续表3－5

类别序号	原文实验编号	实验描述
4	E7、E37、E42	抽气使干囊炸裂、瘪囊展开、含气泡的玻璃珠破裂
5	E8、E48	实验气体扩张可负荷一定重量
6	E10、E16	实验密闭气体对固体的作用，考察弹性物体在抽气时有无涨缩
7	E11～15	测量最大汲取高度或不同液体的“特征高度”
8	E17、E21～23、E26、E47	制作测量真空度的仪器和气压计、气压测定方法
9	E18、E32～34	感知空气压力的简易方法、气泵中的注射器
10	E19	抽气使托里拆利实验中汞柱下降与外部液面齐平
11	E20	相同气压使液体上升高度与玻管粗细无关
12	E24～25	对托里拆利实验的进一步研究
13	E27	观察抽空气泵中的毛细管现象
14	E28～29	玻璃管中含有颗粒物的水，其中水沿管壁自动上升
15	E30，E49	将大气柱的重量换算为普通物体重量
16	E31	真空中磁铁相吸
17	E35～36	实验“拔火罐”解释其原理，并尝试不用火实验其效果
18	E37～39	抽空容器中两个气囊检验笛卡尔的“以太”
19	E40～41、E44～46	运动阻力、声音传播、烛焰光晕变色、摩擦生热、生石灰潮解
20	E43	抽空容器中的火花
21	E50	抽气使附着的两大理石片脱开

“空气泵新实验续”与“空气泵新实验”实验类型大体一致，对实验做出整合与增删，表述更加系统：

第一类，压力的展示或定性实验，由原来的9个减为5个，增加对压力效果的细节研究，如E10、E16研究气压对固体体积的影响。见表3－5中2、3、4、5、6共11个实验。

第二类，研究空气重量或压力的效应。其中E19、E50对应“空气泵新实验”的E17、E31，研究托里拆利实验中汞柱高度、以及相附着的大理石薄片在真空中脱开，没有改动。增加定量考察，如E11～15研究不同液体的最大汲取高度或“特征高度”；E20说明“相同气压使液体上升高度与玻璃管粗细无关”；E30、E49 用普通物体的重量表征大气压力等。见表 3－5 中 1、7、10、11、12、14、15、21，共 16 个实验。

第三类，“空气泵新实验续”关于现象“探索性实验”有所增删。保留了燃烧、声音、磁性，细致考察抽气对烛焰颜色、生石灰潮解快慢的影响，新增真空中的毛细管现象；增加为设计实用仪器所做的实验，如设计真空计和气压计、拔火罐等。见表 3－5 中 8、9、13、16、17、19、20 共 20 个实验。某些“探索性实验”得以改进，如“空气泵新实验”E16 研究真空中磁铁磁性，没有对磁性提出理论预设，只是展示现象；而“空气泵新实验续”E31“真空中磁铁相吸”实验则预设“粒子性的磁流射”，反驳磁铁相吸是因磁流体挤走空气，表明空气与磁性无关。

第四类，新增实验反驳笛卡尔学派的以太学说。抽空容器后，用重物压缩其中的皮制风箱，风箱气口处的羽毛无运动，故抽空后容器中无所谓“以太”。见表 3－5 中 18，共三个实验。

表 3－6 “空气泵新实验续之二”中的 19 篇实验论文的主题

序号	含实验数目	实验主题
1	8	促进（堆积水果）产生气体的几种方法
2	14	阻止（堆积水果）产生气体的几种方法
3	13	人造空气和普通空气的不同效应
4	18	压缩空气和普通空气的不同效应
5	13	人造空气对动物的影响
6	9	真空中的动物
7	5	压缩空气中的火焰
8	6	用来产生空气的火
9	17	在真空中产生空气
10	8	关于高气压中产生空气
11	21	多样的实验
12	2	摧毁人造空气
13	5	真空中和普通空气中气体产生的不同速度
14	5	完整的水果和碰伤的水果的差别
15	2	空气有时不适宜滋生霉菌
16	3	阳光照射密封容器中的物体，引起称重的变化

续表3－6

序号	含实验数目	实验主题
17	22	压缩空气中存储的物品
18	6	真空中的煮沸和蒸馏
19	6	旋紧容器煮鹿角、鱼骨、牛蹄等使其松软可口

“空气泵新实验续之二”标注实验日期、附加数据图表，使实验表述更具体。划归为19个主题的183个实验不再着重关注空气弹性的原因和效应。

这些关注保存食品、烹饪等实际用处的实验，具有明显的“博物研究”性质。研究中没有提出新假说或者新的现象解释。但一些实验与微粒论关系紧密，如表3－6中11、12研究气体的产生与摧毁（如食物腐败产生气体，气体燃烧后销毁）属于化学实验；再如主题11实验5，在抽空容器中将王水泼上氧化钾，产生气体，标注气压计的汞柱高度，半月后产生的气体没有消失，汞柱高度不变，而液体中形成了硝石结晶。

二、真空问题与真空检测

托里拆利（以及更早的伽利略和开普勒）的大气压力研究、盖里克（或更早）制作抽气装置，都处于16、17世纪自然哲学的历史性问题语境中。当时，最重大的问题是新科学的进步和世界观的更替：将经院学说中亚里士多德自然哲学以形式－质料学说为中心的关于自然的目的论解释更替为新科学受原子论和机械论的影响所强调的对事物性质的机械解释。

在真空问题上，“充满论”和“真空论”的对峙，有其形而上学方面的根源。可以追溯到古希腊柏拉图与原子论者的本体论争执：“非存在”存在吗？存在是“一”或者“多”？亚里士多德与柏拉图一样，主张“存在是整体，绝对的非存在没有意义”，坚持“宇宙充满论”。[①] 这些成为后来“逍遥学派”学说的核心信条，成为他们“形式－质料”“潜能－实现”“四因说”“四元素说”等自然学说的形而上学基础。逍遥学派为了协调“存在是不变的一”与“现象是变化的多”，构造一种目的论的存在论体系：从纯质料或纯潜能，到纯形式或“存在与目的之中”即最完满的存在者——神。

这些形而上学信条以“自然畏惧真空”的形式，弥漫于各种亚里士多德主

① 比如，亚里士多德反对实无限，只承认潜无限。参见亚里士多德. 物理学［M］. 张竹明，译. 北京：商务印书馆，2004.

义色彩的自然学说当中，是16、17世纪机械论哲学的共同对手。机械论者反对用形式因、目的因来解释现象。认为这类解释诉诸不可见的“实体形式”“目的”或“神秘因素”，表面上很有道理，实际上却难于理解，也不能提供关于现象的新知识。

对于是否存在真空，机械论者分为两派，一是笛卡尔学派认为推动物体运动的“以太”充满宇宙，一是原子论或微粒论者认为微粒在虚空中由上帝的意志直接推动。“真空是否存在”是新旧学术相争的焦点。尽管实验不能决断这种形而上学争讼，但对于实验中的“托里拆利空间”或“波义耳空间”能够做出经验研究。科学史家玛丽-博厄斯·霍尔评价道：

> 这是科学史上很久以来、少有发生的、激动人心的时刻，一个长期属于纯思辨的问题获得了直接研究的途径。当这成为现实，新科学的整个学科就向实验哲学开放了，实验剧烈地改变了人们的理论概念，当然，自然地也不缺少保守和反对意见。[①]

“空气泵实验”约有一半都在考察“波义耳空间”对各种现象的影响，如声音、磁、生命、运动阻力（或重力作用）。

“空气泵新实验”E40、E41对蜜蜂、小鸟等动物做抽气实验。蜜蜂抽气后跌落容器不能飞行，可能有力学原因也有呼吸原因；小鸟抽气后身体发生抽搐，放气后需要很久才能回复活泼。

“空气泵新实验”E10～15显示燃烧抽气后熄灭，放气后恢复。这些实验都是“真空检测”的正面证据：随着空气的抽出，现象逐渐消失。

“空气泵新实验”E27和“空气泵新实验续”E41研究真空中的声音传播，现象最显著的有：如图3-5所示，在容器中安置铃铛，抽气后声音越来越小直至最终消失；放进些空气后能听见声音；用细棍子撑在容器上支持闹钟居中，密封后声音较闷，抽气后无明显变化。[②] 在进一步的实验中，将火药在抽空容器中击发，只听到微弱沉闷的声音。波义耳说：“由此得知，似乎空气是声音的主要媒介，但是某种更精微的物质，或包含很少空气粒子的周围其他物

---

① Mary-Boas·Hall. Robert Boyle on Natural Philosophy [M]. Bloomington：Indiana University Press：1965：94.

② Thomas Birch. The Works of Honourable Robert Boyle [G]. London：J. & F. Rivington，1772，Georg Olms Hildesheimeim reprinted in Germany，1965 (2)：63.

体也可能是声音的媒介。”尽管声音的实验现象不支持存在精微物质，但波义耳仍然为“更精微的物质”留出余地，这与“空气泵实验”中的光、磁现象研究有关。这些现象表明抽空的容器中虽然没有空气，但仍能传导磁、光、重力作用，故可能存在某种“精微物质”。波义耳为了将这种“精微物质”与笛卡尔普满的“以太”相区别，进一步展开了检测笛卡尔以太的实验：“空气泵新实验续”E37～39。

“真空”作为虚无，很难设想其具体性质。充满论者耶稣会士莱纳斯认为，光不能通过“绝对虚空”，应该显现为一段“小黑柱”，显然，“托里拆利空间”不是真空。[①]

“空气泵新实验”E37，每一次唧筒放气时，旁边人有时能看到容器内似乎闪现“灵光”，但这一现象并不能稳定一致地出现，比如在暗室中就没能观察到。波义耳由此联想到“微尘反光、碎冰变白、蛋清搅拌变白”等现象，推测放气之时容器内的情况，而对真空如何影响光或颜色语焉不详。[②] 无疑，这些实验显示了波义耳用光检测真空的努力。

“空气泵新实验”E16，容器吊起带尖端的5英寸的细铁条，使平衡可自由移动。抽气，用一块磁石从容器外部接近，细铁条被吸引；移开磁石，细铁条静止后指向南北方向。这显示，磁铁透过抽空的容器也能够产生作用。

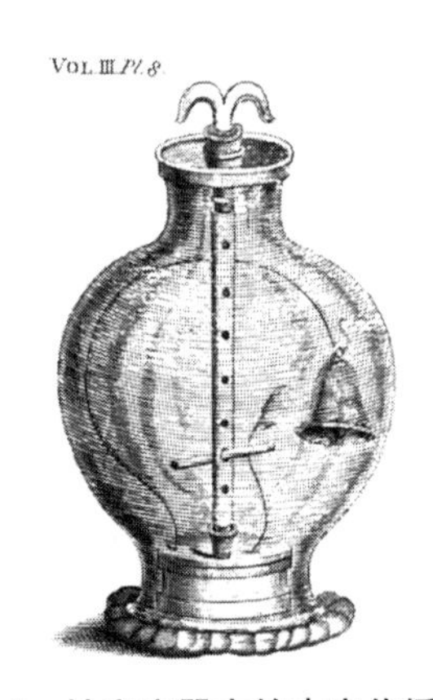

图3-5　抽空容器中的声音传播手绘图

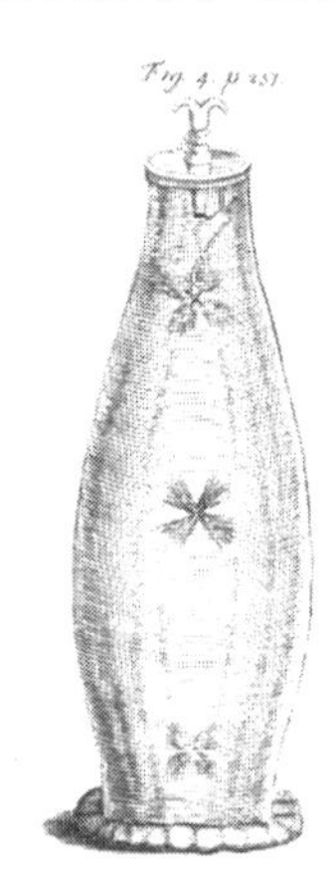

图3-6　抽空容器中的羽毛下落手绘图

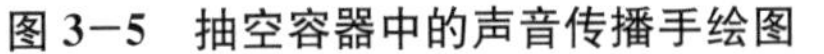

① 史蒂文·夏平，西蒙·谢弗. 利维坦与空气泵　霍布斯、玻意耳与实验生活［M］. 蔡佩君，译. 上海：上海人民出版社，2008：150.

② Thomas Birch. The Works of Honourable Robert Boyle［G］. London：J. & F. Rivington，1772，Georg Olms Hildesheimeim reprinted in Germany，1965（3）：91—93.

“空气泵新实验续”E40，羽毛在抽空容器中下落。如图3−6所示，把4片羽毛在羽管处粘接成十字，用1/8英寸宽的纸条把羽毛系于容器上盖，容器抽空后剪开纸条，羽毛如重物一样落下。

波义耳在“空气泵新实验”E17（是E16的进一步实验）之后的讨论中说：

阁下现在也许十分期待，那些研究过托里拆利实验的人，已对那个著名问题——即那个杰出的实验（托里拆利实验）是否得到了真空——的确认或否决做出了明确的判断，希望我在这里也对这一争论表态，或至少给一个声明，说明我的气泵抽气能否证明抽尽空气的空间就是真正的真空，即是说没有任何有形物质。但是我没有闲暇也没有能力去严肃地争论这一精妙问题。……这是因为，一方面，我们的容器尽管抽空了空气，但抽气可能并未彻底清空其中的所有物体，因为只要其中有物体［如置于其中的铃铛］，就可以被看到；但是，如果光——这些光线被可见物体反射到眼睛、使之产生感觉——不能透过，它们就不能被看到；所以，如果我没有犯错的话，前面的对话已充分表明，只要你敢于严肃地设想，光可以传递过去，毋须某种物体做媒介（如果我可以这样说的话），那么，要么说光是来自发光体的有形发射物（corporal emanation），要么就只能说光的传播是一些精微物质快速运动的结果。

第16个实验显示，封闭的容器并不能阻挡磁铁的流射（effluvium）；……另一方面，可以说，对于使容器中物体得以看见的那种精微物质，及假定能透过的地球磁流射，尽管我们应承认并未完全将其抽空，但也不能有理地主张它们抽出后又被循环回填，因为如果它们聚集在一起而没有间隙，只能充填容器的一小部分空间。……因为光和磁的流射都能够进入密封的玻璃容器，……因此抽气使大部分空间中的空气排出，即是空的，尽管存在那些使发光和磁性物体产生效应的“精细微粒”（subtle corpscles）。

根据以上陈述，似乎只证明了容器中没有空气，如一些现代学者（笛卡尔学派）所述，或许会被以太物质回填，但其实并不是那样。其实我觉得，那些空间，真空论者会认为是空的，因为明显已经排除了空气和粗重物体；而充满论者没有用他们所谓的精微物质可感的效应或作用，证明这些空间中的确（在抽气后被精微物质）回填，而只是断言那里不可能是虚空，必有某种物体。而他们所持的理由不是来自能清楚而有针对地验证假说的实验或自然现象，而是他们的物体概念，即物质只是由广延构成，就

> 说一个没有物体的空间是矛盾的，即按经院的说法是“语词矛盾”（a contradiction *in adjecto*）。我认为这些反驳理由似乎使真空争论由一个自然哲学问题变成了形而上学问题；所以，在此我不需多做辩论，是因为发现笛卡尔的物体概念很难让自然学者们满意，找出它的错误，或找到替代它的更好理论也很困难。①

这表明：其一，“空气泵实验”的重要任务就是证明抽尽空气的容器中没有任何有形的物质。其二，实验显示光、磁、重量等不清楚机械原因的现象不受抽气影响；那么，真空检测问题就与光、磁的性质关联起来；进一步的问题是：光、磁要么是一种能穿越虚空的发射物，要么是借助笛卡尔学派所谓普满的以太而传播的一种效应。这一问题引出检测笛卡尔学派“以太”的实验，“空气泵新实验续”E37～39。

“空气泵新实验续”E37～39，如图3-7所示，直径为6英寸的圆形无手柄鼓风囊，无阀门或阻气瓣膜，皮革宽大松软，出气口伸出约1英寸；拉上板皮囊最大伸展，气口附近固定一支羽毛，放入容器固定；抽空容器后，让重荷压上板落下鼓动风囊，发现羽毛未被吹动。因此抽空容器中没有笛卡尔学派的那种“以太”，或至少说，在该实验中笛卡尔学派的“以太”没有获得经验证据。

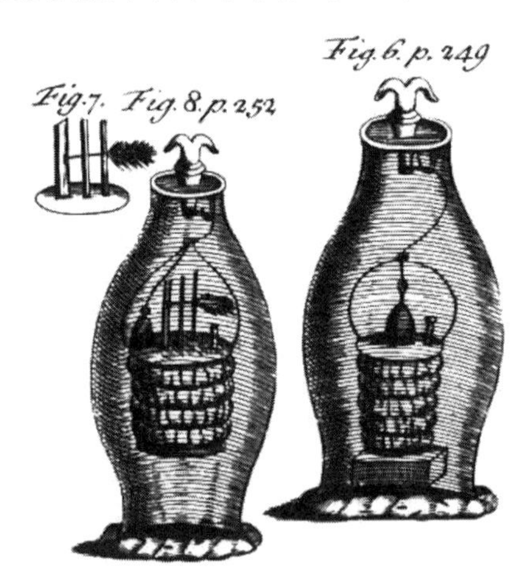

图3-7　检测笛卡尔“以太”的实验图

① Thomas Birch. The Works of Honourable Robert Boyle [G]. London: J. & F. Rivington, 1772, Georg Olms Hildesheimeim reprinted in Germany, 1965 (1): 36—37. 这些报告是书信体。

对于光、磁等现象，实验之前和抽空之后毫无变化，因此“不能将真空与空气完美地相区别”，抽空的容器中存在“以太”——包含光、磁等的流射的精微物质。但是，波义耳的“以太”与笛卡尔的“以太”完全不同：后者是弥漫宇宙的普遍介质和推动粗重物质的“动力因”；而波义耳的“以太”并非普遍的介质，而是一种粒子状的流射（effluvium）。波义耳的以太与微粒论“真空存在”的形而上学预设是相容的。或许，这是牛顿1679年2月28日与波义耳通信，讨论光学所涉及这种“粒子以太”的缘由。[①]

“空气泵实验”处在与逍遥学派、笛卡尔学派等在形而上学和方法论等方面的争论中。波义耳1652—1654年在《论原子哲学》（*of the atomicall philosophy*）中就表达了原子论观点；[②]“空气泵实验”即在某种原子论版本的机械论的指导之下进行的，这种机械微粒论哲学后来在化学实验的支持下得到详尽表述。

三、“空气泵实验”目的和实验编纂

形而上学的思辨争论难以在自然哲学中达成定论，因此，波义耳尤其重视实验，他说即使“单纯的实验也有价值”，即那种纯粹试试，对结果没有预期的实验。对实验中空气压力和重量进行机械解释，有助于驳斥气体因“轻性”（levity）上升的经院学说，拓展新科学的“气体研究”（pneumatic）。“空气泵实验”的另一个侧面在于以研究事物“性质”为纲领，探索空气各种各样的性质，而并不局限于空气压力、弹性等力学性质。自从荷尔蒙特使用“Gas”这一名称，就摆脱希腊思辨，开启了近代自然哲学的“气体分析”；波义耳的气体实验在根本上具有同样的学术追求。

检测真空并非“空气泵实验”的唯一目的，此后，“空气泵实验”就转入以“空气弹性”为中心的气体研究。《关于冷的新实验和观察》中在提到“空气泵新实验”时说：

> 六、七年前我就想到写一些研究热和火焰的论文，但似乎研究其相反的性质，冷，更合适；因为根据已知规则，相反的事物相互说明。我记得另一个相似的想法是，高度的冷常是由空气传来的，无论如何空气包含

---

① http://www.newtonproject.sussex.ac.uk/view/texts/normalized/NATP00275.

② Michael Hunter. The Life and Thought of Robert Boyle [OL]. http://www.bbk.ac.uk/boyle/biog.html.

> 冷。我曾经回应和讨论了空气的几种性质，比如它的重量和弹性（在我的“物理一力学”论文中），以及与空气压缩成比例的弹力的强度；我第一次出版这个用表格表示的实验，是在应莱纳斯的反驳而辩护的那本书中……它们现在受到了过多的关注。我在其他文章中讨论的空气其他多种性质中，也已足够适当。……空气的冷作为最显著或最广泛的一种性质，我们的研究不应对此置之不理。[①]

波义耳在“空气泵实验”系列论文中始终没有给出空气弹性的机械机制，其逝世后出版的《空气的一般研究》（*the General History of Air*，1692）中提出了包含不同种类粒子（particles）的空气理论：

第一部分是从土中升起的，以蒸汽或飘散形式存在，无数不同种类的粒子。

第二部分是比前者更精微、由极细微部分构成的磁流，以及无数从天体发射或由天体压入我们眼睛的光。

第三部分显然也最重要，是永恒具有弹性的“永久空气”（perennial air）。并且认为，空气最重要的性质是弹性，不能燃烧（助燃）和呼吸的空气仍具有弹性。空气的化学性质如燃烧和呼吸，不是因为第三部分的粒子，而是来自第一类和第二类异质粒子。可见，波义耳把空气视为一种物理性的机构性质的物质。[②]

笛卡尔构造以太旋涡的向心压力等机械哲学思辨理论来解释重量的原因。对于波义耳，如同对于伽利略、帕斯卡一样，空气压力和重量是经验事实。弹性流体与普通流体一样，都具有流动性、各部分的大小、距离和粒子的运动等本质属性。在“空气泵新实验”中，波义耳提到笛卡尔学派和伊壁鸠鲁学派关于“空气弹性”的理论学说，但他声称这与展示“空气有弹性并将一些效应与之关联”的实验主题不相关，而拒绝给出自己的评论。[③] 虽然波义耳也以假说

---

① Thomas Birch. The Works of Honourable Robert Boyle [G]. London: J. & F. Rivington, 1772, Georg Olms Hildesheimeim reprinted in Germany, 1965 (2): 469.

② Thomas Birch. The Works of Honourable Robert Boyle [G]. London: J. & F. Rivington, 1772, Georg Olms Hildesheimeim reprinted in Germany, 1965 (5): 613—615. 转引自 Mary-Boas Hall. The Establishment of the Mechanical Philosophy [J]. Osiris, 1952 (10): 477—478.

③ Thomas Birch. The Works of Honourable Robert Boyle [G]. London: J. & F. Rivington, 1772, Georg Olms Hildesheimeim reprinted in Germany, 1965 (1): 12.

的方式讨论过空气弹性的可能原因，如弹性微粒“就像羊毛一样”“小弹簧”，但这不是在谈论确凿的事实。[1]

“空气泵新实验”中，波义耳归结笛卡尔学派气体学说的大致内容：空气即细小和大部分具有弹性的粒子的聚集或堆积，具有一些不同大小和各种形状。它们被热（尤其是阳光）变为流动而精微的、围绕地面物质的以太状物体（对于笛卡尔，物质是无限可分的，因此可变为以太状物体）。那些粒子经地面物质的扰动而流动旋转，每个微粒力图碰开其他的微粒，以保持区域内的圆周运动；若侵入那个圆周，将干扰它的自由转动，将其推开。[2]“空气泵新实验续”E16，用重锤将一块鲸骨弯曲，抽气后重锤高度无变化，结合检测笛卡尔“以太”的“空气泵新实验”E37～39，能说明“弹性”与以太不相关。

“空气泵新实验续”E1 研究密闭液体上方的液柱在抽气时能上升的高度，再如“空气泵新实验”E34 抽气后天平的变化、E36 空气称重。关键的不是实验的现象或“效应”，而是对它们的解释。波义耳的“空气泵实验”是在“真空存在”预设的引导之下展开的，目的是基于实验批驳关于空气，乃至整个自然的逍遥学派、笛卡尔学派、原子论的学说。尽管抽空的容器中可能有某些“以太”，但就其没有空气而言，的确是真空。在“空气泵新实验”E36，“空气称重”实验之后，波义耳说：

> 尽管我们之前不愿承认，但容器抽空之后应该（deserve）称之为真正的真空，尽管我们还不能对真空与空气做出完美的区分；我们还认为适于测试空气在抽空容器的如此稀薄的媒介中是如何显示其重量的。[3]

波义耳没给出弹性的原因，但显然，他不满意笛卡尔主义用“普满的以太鼓动粗大微粒”——如水进入和流出海绵——解释物体弹性。尽管波义耳与笛卡尔同属机械论者，而且波义耳颇受其理论的启发，但根本上，波义耳不认同笛卡尔的形而上学和神学架构。

由表 3-4“空气泵新实验”E27 对声音的检测具有正面结果，但对磁性的

---

① Thomas Birch. The Works of Honourable Robert Boyle [G]. London: J. & F. Rivington，1772，Georg Olms Hildesheimeim reprinted in Germany，1965（5）：614—615.

② Thomas Birch. The Works of Honourable Robert Boyle [G]. London: J. & F. Rivington，1772，Georg Olms Hildesheimeim reprinted in Germany，1965（1）：12.

③ Thomas Birch. The Works of Honourable Robert Boyle [G]. London: J. & F. Rivington，1772，Georg Olms Hildesheimeim reprinted in Germany，1965（1）：82.

先后两次检测却显示，抽气前后对磁铁的吸引毫无影响。反过来，波义耳不得不假设某种“更为精微的物质”也是声音的媒介。“机械论”哲学排除将“磁”解释为“神秘作用”或“灵魂”；波义耳不认同磁介质是笛卡尔主义的普满以太，并在“空气泵新实验续”E37～39中对存在这种以太加以反驳。波义耳推定“波义耳真空”中存在的精微物质，只能是一种粒子状的“以太”（或精微流射）。

“空气泵新实验”既没能成功地阐明“真空存在”，也不能给出“空气弹性”的微粒机制。于是只能以“研究空气弹性、压力及其效应”为副标题，编纂一个实验系统，基于空气弹性假说对空气压力和重量等现象和性质做出机械解释。

第三节　“空气泵实验”的系统性

波义耳的“实验哲学”有高度的方法论自觉。在一份手稿中，波义耳把实验分为“探索性实验”和“检测性实验”。这两个概念依赖于上下文，同一实验在一种情况下是检测性的，在另一种情况下是探索性的。检测性实验依赖已有的理论及经验材料；而面对新物质、新现象和新仪器，就需要做一系列“探索性实验”。检测性实验涉及对理论预测的直接测试，而探索性实验常起源于直觉提供的模糊理念。波义耳在“检测性试验”之下区分出不同的实验领域；在“探索性实验”之下，列举实验设计的不同起源：

检测性实验：

①直接感官的；
②静力学的；
③水静力学的；
④化学德尔（严格意义上）；
⑤数学的；
⑥磁学的；
⑦化学的（不太严格的意义上）；
⑧医学的；
⑨解剖学的；
⑩技术的；

⑪力学的；

⑫复合的；

⑬混杂的。

探索性实验：

①几乎所有探索性实验方法，都可归为已有问题的一些变形或一些推进；

②类比推理；

③形成假说并通过适当的测试来检验；

④从被接受的通俗观点中得出结论，并用适当的测试来检测；

⑤设计新的方便的工具或其他装置，改变事物的通常状态和过程，以研究过程变化带来的性质变化，并发现新现象；

⑥两种或多种上述方法的结合；

⑦难以捉摸的远见卓识（sagacity）。[①]

各种实验系统不同程度地包含两种类型的实验。主要属于“探索性”的实验系统，其基本过程是：由广泛的探索性实验提出假说—假说被检测性实验建立为事实—新事实使探索性实验更明确而转换成检测性实验—新结论提出新假说引导进一步的探索性实验。表3－7显示，“空气泵实验”系统包含的实验具有不同目的，并非由纯粹命题逻辑联结起来。

表3－7　“空气泵实验”的实验类别

实验类型	实验范例
探索或制造现象	“空气泵新实验”E16研究抽气对磁性的影响； E40抽气对动物飞行的影响
观察或重制现象	“空气泵新实验”E27抽气时似有闪光； “空气泵新实验续”E16弹性物体在抽气时的涨缩；E40抽空气泵中运动阻力降低
注目的显示现象	“空气泵新实验”E1～9气囊扩张和炸裂； “空气泵新实验续”E18感知空气压力的方法；E42有气体蜂窝的玻璃珠抽气爆裂
发明仪器	“空气泵新实验续”E17制作测量真空度的仪器；E21～23、26制作气压计

① Royal Society. Boyle Papers [Z]. vol. 9: fol. 52r.

续表3－7

实验类型	实验范例
批驳理论	“空气泵新实验”E29 批驳烟雾上升的“轻性”； “空气泵新实验续”E19 抽气使托里拆利装置液面与外部齐平批驳“气泵漏气”假设
验证假说	“空气泵新实验”E31、“空气泵新实验续”E50 大理石薄片抽气分离以批驳畏惧真空假说验证气压理论； “空气泵新实验续”38～39 笛卡尔的以太假说

这些实验在理论预设和假说的引导下进行，单个实验需在系统实验的总体目的中加以解释。因此，“感性集体见证确立事实”不是对实验方法的完备描述。比如制作气压计、高压锅等实用性实验，为反驳理论而设计的实验，以及没有具体结果或失败的实验，就不能说确立了什么“事实”。但因为这些实验与那样失败的实验一样特别能启发后续实验研究，波义耳甚至对它们更为重视。

系统实验是理论预设和经验研究互动的过程。所谓“理论预设”，即对科学探索和实践起到引导和约束作用的形而上学系统。这些形而上学预设不能被经验确证，却在实验哲学中引导实验、发展假说解释现象、开拓新的研究领域。在此过程中，实验获得进展的方向，假说得以具体化，理论与实验相互支持，构成实验研究的统一性。形而上学预设，不是能代入观察材料的“理论命题”，反而是实验哲学发展“理论命题”的前提，故可称之为“元科学理论”。“元科学理论—理论—经验”三者的互动，在常规科学时期，主要是“理论与经验”的“发现与证明”；而在科学革命时期、“理论”缺位的情况下，在元科学理论的本体论承诺中，仍能保证科学探索的持续性和统一性。①

波义耳的“实验哲学”有预设，有假说，有成体系的实验，因此不能被简单地归为“归纳科学”或者诉诸“感性见证寻求共识”的“实验室生活方式”。20 世纪科学史研究揭示出波义耳“实验的自然哲学”的丰富性。

罗斯－玛丽·萨尔金特认为波义耳秉承了培根的研究计划，但更强调理性的运用；从博物研究入手，研究冷热、声、光、磁等现象，用假说指导实验、实验验证理论，在各种形而上学中寻找更正确的、“折中的”（eclectic）自然

① 袁江洋．重构科学发现的概念框架：元科学理论、理论与实验［J］．科学文化评论，2012（4）：61，69.

学说。[①] 玛丽—博厄斯·霍尔（Mary-Boas Hall）认为，波义耳的机械论受到伽森狄和笛卡尔学派的影响，但他的微粒论自然学说却是基于丰富的实验而独立发展出来的。[②] 安托里奥·克莱里库乔认为，波义耳解释化学现象时，十分强调“活性因素”（seminal）的作用，明显受到炼金术理论影响。[③]

作为“新科学”的开拓者，波义耳一方面批判经院哲学方法和学说，提倡经验研究；另一方面建立新理论并寻求经验支持。因此“实验哲学”的任务，主要不是对研究方法做出彻底的合理化辩护，而是探索新知识、拓展新领域、构造新理论。因此理解“空气泵实验”及其他实验，应考察基于哪些预设，提出哪些假说，发现了那些现象；“空气泵实验”对“真空存在”提供了何种支持，能否将其视为“实验哲学”的代表。

首先，逍遥学派学说不能解释“托里拆利空间”。逍遥学派自然哲学否认“虚空存在”，认为“气”是四元素之一，“气”元素是“湿而热”性质的组合，气的“自然位置”位于火和水之间，宇宙充满，不存在真空。按照这种学说，位于“自然位置”的气或水，不再有运动趋向，因此也就没有“重量”。但这种自然哲学的基础是“存在是一”的充满论，无法解释“托里拆利实验”（1643）中汞柱一定的高度及汞柱上存留的空间。

“托里拆利空间”是不是真空？由于牵涉自然形而上学思辨概念的争论，无法经由实验验证，取得令人信服的解决。波义耳在论文中对“真空存在”做出正面表述：因为抽气后容器中没有气压，那么“尽管之前一直不愿承认，我们的容器抽空时称为真正的真空是名副其实的，尽管我们不能完美地把真空与空气区别开”[④]。又用空气的弹性及其效应——压力和重量，解释托里拆利实验中约 29 英寸高度汞柱的机械原因。

其次，“真空存在”预设和“空气弹性”假说，参与“空气泵实验”的设计和现象解释。如“空气泵新实验”E29～30，烟雾加热上升，验证了空气加热后被稀薄化，就是因空气加热扩张设计的。离开这些预设、假说和实验目

---

① Rose-Mary Sargent. The Diffident Naturalist [M]. Chicago: University Of Chicago Press, 1995: 11, 14.

② Mary-Boas Hall. Robert Boyle on Natural Philosophy [M]. Bloomington: Indiana University Press, 1966: 57.

③ Antonio Clericuzio. Elements, Principles and Corpuscules [M]. Dordrecht: Kluwer Academic Publishers, 2000: 106.

④ Thomas Birch. The Works of Honourable Robert Boyle [G]. London: J. & F. Rivington, 1772, Georg Olms Hildesheimeim reprinted in Germany, 1965 (3): 82.

的，该实验无法理解、也将失去批驳逍遥学派的空气“轻性”学说的效力。

再次，现象解释与“真空存在”预设相互支持和协调。空气压力和大气重量是“弹性”的直接效应。“空气泵新实验”和“空气泵新实验续”中，包含大量的实验研究空气和真空对燃烧、声音、磁性、呼吸等现象的影响。这些实验与讨论“空气压力和重量”的主旨并不直接相关，却直接与“检测真空”的问题相关。这些实验对照容器抽空之前与抽空之后对位于其中的这些现象影响，以寻找可观察的差别以支持“真空存在”预设。离开“真空存在”的预设，很难说这些实验确立的“事实”有什么意义。

最后，“真空存在”是微粒论的基本预设；按照查尔默斯的论点，实验不能证明真空存在和微粒论。只要不将实验仅仅理解为搜取经验的过程，就一定能看到波义耳实验与微粒论的密切联系。微粒论认为，物质和运动是自然最基本的要素；运动将物质分散为最初级的微粒，若无虚空，微粒将不能互相分别；分散的微粒逐级凝结成物体，微粒的大小、性质、运动和排列是物体多种性质的“机械原因”。[①] 在空气泵实验中，波义耳常用“孔洞”（pore）等对现象做出机械解释，如“空气泵新实验”E21～22，水在抽气后会产生气泡，波义耳解释说，这些空气原先隐藏在水的“孔洞”中。[②] 而微粒之间的“孔洞”则是微粒学说解释物体各种特殊性质的机械原因之一。“空气泵实验”晚于波义耳早年的炼金术-化学实验，也晚于他微粒论的首次表述。波义耳在《论原子哲学》中表达了原子论观点；按照“批驳理论”的思路，不能排除波义耳检测“真空存在”对于构建微粒论的形而上学学说的意义。

“空气泵实验”的系统设计、总体目的和实验进展显示出形而上学预设、假说和经验在实验中的互动。代表一类在形而上学预设的指导下，探索现象、检测理论的实验系统。

---

① Thomas Birch. The Works of Honourable Robert Boyle [G]. London: J. & F. Rivington, 1772, Georg Olms Hildesheimeim reprinted in Germany, 1965 (3): 15—16.

② Thomas Birch. The Works of Honourable Robert Boyle [G]. London: J. & F. Rivington, 1772, Georg Olms Hildesheimeim reprinted in Germany, 1965 (1): 50.

第四章　微粒论与炼金术－化学实验

第一节　反驳要素论和提出微粒论

《怀疑的化学家》是波义耳早年的著作，大约完成于1654—1658年间。其中广泛引用早年的化学实验，质疑逍遥学派四元素说和化学家们的要素论，提出对元素的微粒论解释。

“元素”按照定义，即原始而简单的物体，结合物由其构成并最终分解成它们。逍遥学派说明他们“四元素说”的典型实验，是“嫩枝燃烧”实验：火焰发光表明有火元素，烟雾消散空气中表明是气元素，两端嘶嘶作响的是水元素，灰烬是土元素，可见，水、火、土、气在事物中广泛存在。四元素说还由性质或形式得到解释：“冷/热、干/湿”的性质组合构成“四元素”，凡是热而干的都是由于火元素，热而湿的都是由于气元素，冷而湿的都是由于水元素，冷而干的都是由于土元素。实际上，元素间由性质变化可相互转换，根本上不变的是这些性质。这些思辨理论没有提供对自然现象和事物性质的解释。

医药化学家将分解物体得到的、某些具有典型性质的物质称作组成物体的“要素”。用火分解复合物，倘若得到有味道、溶于水的物质，则被当作“盐”；倘若得到可燃且不溶于水的物质则被当作“硫”；一切固定的不溶于水的物质称为土；不问构成如何，只要是挥发性的物质都会被叫作“汞”。[①]“黏液”和

① 罗伯特·波义耳．怀疑的化学家［M］．袁江洋，译．北京：北京大学出版社，2007：123.

“土”尽管是很多事物的显著组分，但因没有实用价值而被排除在医药化学家的“要素”之外。医药化学家们秉持各种版本的“要素”学说。波义耳避免涉及各种“要素论”孰优孰劣的思辨讨论，而分析化学家们的实验，则例证各种“要素论”的缺陷。[①]

首先，波义耳质疑，用火能从所有事物中恰好分解出四种元素。例如，灼烧黄金、威尼斯云母、莫斯科玻璃等物质就不能分解出任何东西。

其次，实验说明，用不同强度的火分析物体，会得到很不一致的产物，因此不能说火分析的产物是物体的要素。比如，嫩枝燃烧分离为灰烬和烟油，而在曲颈瓶中干馏则产生油、精、醋、水和炭；再比如，水浴只能将未发酵的血液分为黏液和残渣，而文火可将曲颈瓶中的血液分为精、一两种油和一种盐，以及残渣。因此把其中一些产物（医药化学家认为很有用）而不是另一些产物选作物体的要素，是没有理由的。

最后，火分析的产物并非原先实际存在于物体之中，而可能是在火作用下各组分的再结合物，例如植物被火烧为灰烬；而在火更强的作用下，灰烬又可以转化为玻璃。这说明用火分析得到的物质，可能是原有物体的要素（也可能是新的结合物）。

化学们家还给出“要素”与性质对应的思辨理论：“盐”是物体坚固性和耐久性的起因，如果没有“盐”，其他四元素只能杂乱松散地混合；“盐”被水溶解成微小部分输送到别处与其他物质紧密结合，“水”也是一种必须的元素，它使得物体不至于太脆硬；“硫”或含油的要素使整个物体更富有韧性；含汞的“精”凭其能动性渗入整个物体，使其发生更精妙的结合。最后还需向其中加一部分“土”，凭借其干性和多孔的构造，“土”可以吸收一部分曾用于溶解“盐”的水分，且可有效地参与各种其他组分的结合，从而使整个物体必然具备适中的坚固性。[②]

波义耳指出，化学家们混乱地使用“要素”术语。比如，硫是一种可燃、有气味还有其他性质的要素，那么就不应说某种不可燃物是一种硫，但是他们却提到黄金和其他矿物富含某种“不可燃的硫”，这是前后矛盾的。[③] 而且，化

---

① 罗伯特·波义耳. 怀疑的化学家［M］. 袁江洋，译. 北京：北京大学出版社，2007：10，158.

② 罗伯特·波义耳. 怀疑的化学家［M］. 袁江洋，译. 北京：北京大学出版社，2007：158.

③ 罗伯特·波义耳. 怀疑的化学家［M］. 袁江洋，译. 北京：北京大学出版社，2007：115.

学家并不能将所有物体分解为油（硫）、精（汞）、盐、水和土，也不能证明分析得到的产物是简单的。波义耳举出“焚烧南瓜植株”实验说明，植物含精、含硫、含盐的组分，是由水“嬗变”（transmit）而成的；因此“要素”是可以互变的。他还举出对“鸡蛋孵化”和“矿脉生长”的观察，指出嬗变是可能的。

化学家们的“要素论”与逍遥学派的“四元素说”具有一致的原则，都假定每种特殊性质都有独特的、固有的“物质始因”，即假定了物体中实际存在相应属性的固有受体（receptacle）。某种出现于不同物体的性质，是这些物体的共同属性，这些物体含有共同的“要素”，并对这一性质负责。[①] 这种理论根源于逍遥学派的“实体形式”学说。

机械论者将这类解释性质的思辨理论视为共同对手，用关于事物现象的明晰知识加以驳斥。波义耳在《怀疑的化学家》中提出“微粒假说”，反驳“要素”实际存在：

> 构成所有结合物的一般物质（matter），实际上被分成了不同大小、形状和运动的极其微小的粒子；相邻的粒子联结成不易分解的“第一凝结物”；这类第一凝结物相互嵌入、组成“凝结物”并保持为整体不易分散。由此，按照“元素”的定义（即构成结合物的原始而简单的物体），波义耳提出“元素性的凝结物”概念，对“元素”概念做出了微粒论的解释：所谓“元素”即“由彼此完全相同的众多微粒构成的，而这些微粒又是由质料的极其微小的粒子所构成的某种微小的第一凝结物组成的”。元素数目远不止三、四或五种。[②]

在炼金术士和医药化学家看来，火具有某种神秘的力量，可以试炼堕落的低等级的元素，再将其提升至更高的状态。这个过程首先要把物体还原为“无定形”的质料，因此火被将物体分析为元素的手段。“要素”即具有某种显著性质的一类产物，比如能燃烧的物体是因为含“硫”。波义耳反驳“要素论”，着力于反驳“火从物质中分析出要素”的实验。

---

① 罗伯特·波义耳．怀疑的化学家［M］．袁江洋，译．北京：北京大学出版社，2007：173.

② 罗伯特·波义耳．怀疑的化学家［M］．袁江洋，译．北京：北京大学出版社，2007：93.

彼得·亚历山大将波义耳从不同方面对火分析法的反驳分为八项：[1]

①许多物质不能被火分解为“要素”，如金、银、玻璃、云母等；

②更多方法可将物质分为一些同质的部分，如蒸馏、冷冻和溶解；

③火能改变物质的性质，而不是将其分解为原始组分；

④火分析的产物可被进一步分解，如树枝燃烧为烟和灰，后者可分为盐和土，前者也包含油和盐；

⑤要素论看作复合物的物质经升华和凝华而不被破坏和分解，如普通硫磺；

⑥火或者热有时能将物体分为多于三、五种的同质部分；

⑦火能将一些物质合成而不是分解它们；

⑧许多所谓要素可以被创造或生产出来，波义耳是指赫尔蒙特的实验。

波义耳的反驳论证可分为三个方面：一是，反对火能将任何物质分解为原初要素；二是，反对亚里士多德学派和帕拉塞尔苏斯学派指定的元素特定数目，如四或三；三是，攻击亚里士多德学派或帕拉塞尔苏斯学派的某种“要素”可能是结合物。

表 4－1　驳斥“火分析物体得出要素”的实验举例

序数	论证论点	代表性实验描述
1	许多物质不能被火分解为要素	煅烧不能将银和威尼斯云母分解为四元素（19）[2]；
2	更多方法可将物质分为一些同质的部分	粪堆热度分解尿液（41）； 赫尔蒙特的溶剂能从物体中分解出很多物质（42）； 冻结啤酒分解剩下的液体更浓烈（51，52）
3	火分出的产物可能是结合物	盐水与油脂制得肥皂，而在强热之下肥皂又分解为油、水、盐、土（31）； 把矾、硝石和卤砂放在一起蒸馏所得非硝石精、卤砂的精或矾精，因为这些精不能溶解金，而实验产生的精能溶解金（119）； 矾油不是简单的液体，将其与倍量松节油在曲颈瓶中蒸馏，得出很多硫磺（120）； 从烟油中可分出五、六种物质（120）

---

① Peter Alexander. Idea, Qualities and Corpuscles [M]. Cambridge: Cambridge University Press, 1985.

② 括号内的数字是《怀疑的化学家》中译本中的页码。

续表4—1

序数	论证论点	代表性实验描述
4	火分析的产物可被进一步分解	树枝燃烧为灰烬和油烟，而在曲颈瓶中则分离出油、精、醋、水和炭（30）
5	要素论看作复合物的物质经升华不被火或热破坏和分解	琥珀、樟脑和硫磺的燃烧产物与蒸馏或升华产物完全不同（30）； 升汞加热升华而不被分解（50）
6	火或热有时能将物体分为多于三、五种的同质部分	分馏动物血液得到黏液、精、油、盐和土（19）； 蒸馏黄杨木除得到普通焦臭的精，还得到一种酸味的精，也不是醋精（105）
7	火将一些物质合成而不是分解它们	灰烬中含碱的盐和土与沙砾在强火下结合成玻璃（50）； 熔炼铁矿石时也有黑色的玻璃生成（50）
8	许多所谓要素都能被创造或生产出来	用定量的土浇水种植南瓜，土不减重，故构成南瓜的那些物质是由水嬗变而来的（61）； 种植葫芦焚烧称重（61）； 用水培养薄荷顶芯，植株可分馏出黏液、精和油（62）

《怀疑的化学家》中还有一类实验不是用于质疑理论，而是示例说明理论，见表4—2。

表4—2　示例说明理论的实验举例

序数	阐明理论或观点	代表性实验描述
1	阐明四元素论； 不同性质的物质归属不同的元素	嫩枝燃烧实验（16）
2	阐明三要素论或五要素论	用火分解物质得到的可燃不溶于水的物质称为硫，有味道、溶于水的物质称为盐，固定、不溶于水的物质称为土，挥发性的叫汞，黏液称为水（123～150）
3	阐明微粒论； 可设想微粒的第一凝结物嵌入各种凝结物时，保持为整体而不分散。微粒的大小和形状的差别可以构造各种凝结物	金可与许多矿物共熔为均匀的物体，能在王水中变成液体，制成红色的、晶状的盐，又能还原为黄金（25）； 同样汞可与金属形成汞齐，被溶解为液体，在矾油中沉淀为黄色，与硫磺结合为红色易挥发的朱砂，或以含盐物的形式溶于水等，随后又被还原为汞（25）

续表4－2

序数	阐明理论或观点	代表性实验描述
4	阐明要素并不预先存在于事物中，炼金术士分出盐、硫、汞是欺骗手段	若事物是完全结合物而不是混合物，那么它任意微小的部分都应该一致，而不可能含有元素；等重的铜屑、升汞和卤砂得到汞和一些可被说成是“硫”的东西（100）
5	化学家们贬低五元素中的土和水，崇尚火而贬低冷是没有道理的	“冷”可以使得红热的铁更硬，淬火（104）

《怀疑的化学家》再版时，增加了题为“关于化学要素可产生性的实验或记录”的附录，追加了能够产生各种未被发现的新的盐、精、硫、汞、黏液或水、土等化学家们“要素”的实验；阐明化学“要素”并非先在于物质之中，而是可由其他物质合成。其中，用“要素”显著化学性质确认是否全新地产生了要素，这为波义耳对事物“性质”的微粒论解释奠定了基础。

总计，《怀疑的化学家》中众多的化学实验，按照方法论意义可分为三类：

第一类，引述实验结果以批驳要素论，但并未对其进行细致分析的实验；

第二类，阐明理论的实验，如嫩枝燃烧实验阐明四元素论；

第三类，研究性实验，如与物质嬗变相关的“南瓜植株焚烧实验”“小鸡孵化”“矿脉生长”等实验或观察。[①]《怀疑的化学家》中的众多实验代表一类以反驳理论解释、发展新理论为目的的实验系统。

第二节　“硝石复原”实验的微粒论解释

由于硝石分解、再复原的实验，物体性质被破坏再重新出现新性质的现象十分显著。波义耳试图以“硝石复原”（redintegration of salt-petre）实验为例，对物体性质作机械解释。硝石的分解、复原使物体性质产生了剧烈的变化：硝石、氧化钾（波义耳称之为“固定硝石”）、硝酸（称之为“硝石精”）三者在发热、味道、挥发性、可燃性、酸碱性、干湿性等性质上存在鲜明的差别。按照要素论，它们含有不同的要素；研究这些鲜明的性质，并对实验现象做出机械解释，有助于驳斥要素论、建立微粒论的性质学说。波义耳希望进一

① 罗伯特·波义耳. 怀疑的化学家［M］. 袁江洋，译，北京：北京大学出版社，2007：161.

步阐明微粒论学说时，很快就想到这个实验。[①] 波义耳说“硝石复原”是微粒论运用于实验解释的首次尝试，虽只是单一实验，但意义重大：

> 仔细思考硝石复原这个实验，比起解释那些熟知原理和概念，更有助于确证微粒哲学。用可感的实验阐明微粒论概念，这将表明实验涉及的事物能得到合理的解释，而不需诉诸那些不可理解的实体形式、实在性质、逍遥学派的四元素或者所谓化学三要素。[②]
>
> 这个例子与理智哲学（机械论）的许多概念都很符合。这种理智哲学目前为止还没有储备很多的实验，新实验则更少；……实验应由其价值被评价，而不是数量；……单个实验同样很值得用一整本著作来探讨。一颗优质的大珍珠能装饰君主的王冠；而很多无甚价值的小珍珠（尽管是真的），却在珠宝店或药店里称重销售。[③]

分析“硝石复原”实验，我们先做出叙述，然后讨论实验现象的微粒论解释。

一、实验叙述

①买来硝石，溶解、过滤后，结晶提纯。

②取一块硝石在坩埚中熔融后，投入小炭块；熔融的硝石开始沸腾并嘶嘶作响；逐次放入小炭块，在强火下，驱逐硝石的挥发性成分，直到熔融的硝石不再暴发；最后剩下的是硝石的固定部分，即“固定硝石”(fixed petre)。

③取出坩埚中的产物，分为两等份。取一份加水至刚刚能溶解。在其中加入硝石精（spirit of salt-petre，即硝酸），溶液中发泡沸腾；逐渐加入，直至沸腾刚刚消失。过滤溶液后，将其在试管中通风放置。数小时内盐粒集结于试管下部；第二天，结晶长得更大，显示出六棱柱的形状；把它撒在红热的炭上，燃烧并伴有闪光和爆炸，故应该是硝石。

---

① Thomas Birch. The Works of Honourable Robert Boyle [G]. London: J. & F. Rivington, 1772, Georg Olms Hildesheimeim reprinted in Germany, 1965 (1): 356.

② Thomas Birch. The Works of Honourable Robert Boyle [G]. London: J. & F. Rivington, 1772, Georg Olms Hildesheimeim reprinted in Germany, 1965 (1): 356—357.

③ Thomas Birch. The Works of Honourable Robert Boyle [G]. London: J. & F. Rivington, 1772, Georg Olms Hildesheimeim reprinted in Germany, 1965 (1): 376.

④另一份固定硝石，直接滴上硝石精，直到嘶嘶声刚好消失。在广口瓶中暴露放置。取一部分这种浸润的盐，在空气中干燥；撒在红热的炭上，也有类似硝石的闪光和爆炸。

⑤锅底灰提取液结晶，或者镏水和鞑靼盐化合产生硝石结晶。[①]

⑥用现代化学术语叙述：$3C+4KNO_3 = 3CO_2\uparrow+4NO\uparrow+2K_2O$（硝石分解）；$HNO_3+KOH = KNO_3+H_2O$（硝石复原）；

有氧气和光照时，逃逸出的挥发性成分能恢复为硝石精：

$2NO+O_2 = 2NO_2$；$4NO_2+2H_2O+O_2 = 4HNO_3$；

波义耳还对硝石复原实验做了定量测定，证实复原后硝石与之前等重。

除硝石之外，波义耳还探讨其他物质的分解和复原实验。他推测，硫酸盐和松节油等物体也能在分解后复原，但没有给出详细实验。他指出复杂的物体不容易复原，因为多组分物体或生物具有自然（造物主）的精巧设计，其微粒排列破坏之后很难复原。比如，酒（葡萄酒）蒸馏分解后，将产物混合，不能恢复原来的风味，可能就是在分解时一些精细微粒逃逸掉了。

二、实验现象的解释：

表 4－3 对“硝石复原”实验现象的微粒论解释

性质	实验现象	微粒论解释
冷热	硝石感觉起来是冷的，然而它的精和碱却能相互剧烈反应产生热	热是微粒多样而迅速的扰动，扰动持续热就持续，且随其增长和消退
声音	伴随发泡和沸腾，有声音。沸腾越剧烈噪音越大，噪音消失后，热仍持续	响声产生于液体微粒快速而不规则运动对周围空气快速地抽打
颜色	固定硝石有某种蓝绿色，再加入酸精之后消失。硝石蒸馏产生红色雾气，红雾进入液体后消失	光由物体各部分的排列反射入眼睛，便如此被修正而产生颜色，物体颜色改变说明排列被改变
气味	硝石精有强烈刺激性气味，与固定硝石反应时更加浓烈，而硝石没有气味	有气味的物质被激烈扰动，更多释放难闻的蒸气
味道	硝石精特别酸，固定硝石有不同于硝石精的刺激性。硝石却没有味道	未详细解释

① $2HNO_3+K2CO_3 = 2KNO_3+CO_2\uparrow+H_2O$.

续表4—3

性质	实验现象	微粒论解释
可燃性	硝石精和固定硝石都不能燃烧，但硝石却能在热炭上爆炸性地燃烧	未详细解释
干湿性	硝石很干，但硝石精挥发后，却变成一种不会因冷却而凝结的液滴	未详细解释
挥发性	硝石精具有很强的挥发性，而硝石加热也不能挥发	挥发性的变化源于结构改变。逃逸性的与不活泼的部分结合，挥发性被限制
液体扰动	铁片投入硝石精中，平静的液体逐渐产生烫手的热；硝石精中放入一小块指甲花，则没有类似扰动；硝石精中放入白色树胶一样能使生热，树胶则变成发黄的油状物	液体与铁的微粒和孔洞（pores）相会，铁明显改变液体各部分及新的结合物的运动，这些能动部分相互穿透、加热，铁的微粒密集四散，也进入快速的不规则运动，产生烫手的热
发泡和沸腾	固定硝石的溶液加入硝石精，见到盐粒相互推动。毬靼盐溶液加入镪水，产生不计其数的小气泡	发泡现象产生的原因是两种液体的冲突和扰动。大量小气泡产生于很多小盐粒与酸精的结合与冲突
能动性	硝石固体没什么能动性，但当它各部分错位紊乱，挥发性和碱性的微粒从固体上解离，就获得与其性状相应的很大的能动性	各组分能动性有差异，不同性状的组分被凝结进固体的织构（texture）中；能动性微粒被释放后，聚集成一种能快速运动的结构
腐蚀和溶解	硝石精腐蚀银但不能腐蚀金；固定硝石溶液可溶解油状物，而酸精不能	溶液中微粒运动、形状的样态（modification）与被溶解物体中的孔洞（pore）相适应
酸碱性	镪水溶解矿物，固定硝石能使其沉淀；固定硝石溶液溶解油状物，加硝石精后油状物析出	未详细解释
硝石复原时空气的作用	硝石精加入固定硝石溶液，在空气中冷却逐渐生成硝石晶体。而除非充分暴露空气中，毬靼盐加镪水得到的盐却无晶体形状。推测空气可能为盐的微粒进入晶体提供媒介，使其聚集成适应其结构的晶体形状	若媒介和时间充分允许，盐微粒倾向于排列成完美晶体。但缺乏空间或凝结过快，重量使微粒沉淀为偶然的形状。空气富含地面蒸汽和活性的流射（seminal effluvia），很可能对晶体的形成有所作用①
硝石内服的安全性	硝石晶体粘附的硝石精，可用水洗去，硝石精的刺激性在腐蚀过珊瑚或珍珠后可得到缓和	很多药剂用溶媒制备时，与其结合而改变了性状

① 波义耳注意到硝石结晶的正六棱柱形状，见附录二文本V；在《形式与性质的起源》中专门讨论了盐结晶有趣形状的原因是上帝以理智的方式将物质安排在一起，而不是有什么实体形式参与其中。同时，晶体的不同形状也对应着它微粒组分的相应形状和凝结方式。参见 Thomas Birch. The Works of Honourable Robert Boyle [G]. London：J. & F. Rivington，1772，Georg Olms Hildesheimeim reprinted in Germany，1965 (3)：54—55.

波义耳的实验哲学寻求现象的机械解释。《神学相较自然哲学之优势》(1674)中提出，解释现象的任何假说都应从机械原则中推出，或至少不与之矛盾。他说，现象的非机械(non-mechanistic)解释要么是借助于某些特殊的物质组分清单，如化学家们的三要素(*tria prima*)，假定物体里面的组分承载着物体的性质；要么是引入普遍的作用者，如柏拉图主义者的“世界灵魂”(universal spirit)或一些医药化学家的“宇宙精神”(world soul)。

波义耳评论笛卡尔学派的解释原则：我认为，寻求说明困难现象的好学的自然学者们的要务，不是关注假定的作用者是什么及其作用，而是探寻在受体(物体)中有什么变化，展示了什么现象，变化在什么意义上被影响。这对机械哲学家而言已很满意，物质的部分通过位移运动的方式相互作用，他们认为，如果这个假定的作用者不是可理解的或物理性的，将不能对现象做出物理的解释；如果作用者是可理解的和物理性的，就能完全划归为前面常常提到的物质，以及物质的一些或另一些普遍性质(catholick affections)。按照物质的无限可分性、运动的奇妙效应，以及微细而不可感的微粒构成的结构和结合物几乎无限的多样性。平心而论，我不认为哲学家会否认这些可能性；他们经过研究会发现，有形作用者的机械的可能性——任何有形作用者，多么精微或分散、或可能有什么作用，只要能被牢靠地证明确实存在于自然之中，无论其名称如何、或伪装成什么。

> 尽管笛卡尔学派是机械哲学家，并且他们的“精微物质”(*Materia Subtilis*，subtle matter)也是某种有形物质的名称，就我所知，与一些医药化学家的“宇宙精神”(universal spirit)或柏拉图主义者的“世界灵魂”(*Anima Mundi*，world soul)一样，遍布宇宙，并具有能动性。……但无论什么物理的作用者……它们都是在物体中引起的变化，显示现象的。[①]

此后，波义耳将微粒论与化学家们的要素论解释做出了比较，指出要素论的缺陷：

> 化学家们，或其他寻求从盐、硫、汞，或其他物质组分表单中，演绎

① Thomas Birch. The Works of Honourable Robert Boyle [G]. London: J. & F. Rivington，1772，Georg Olms Hildesheimeim reprinted in Germany，1965 (4)：72—73.

> 出某种完整自然哲学的人，应该好好想想他们做了什么。他们能很容易发现，若这些物质部分只被看作静态的事物，他们无法解释绝大多数的自然现象；因此不得不假设它们是能动的；有形物质又只能因位移运动及其效应而是能动的，并且伴随着物质凝聚的不同形状、大小。因此化学家们或其他物质主义者，自限于被他们所看中的两种、三种或数种物质组分，就必然不能解释宇宙中的众多现象。①

波义耳抛弃任何一种要素论解释，如认为从硝石精（HNO_3）的刺激气味可推知硝石含有某种“硫”或“精”；对实验中硝石性质的复原做出微粒论解释，如硝石精能腐蚀银，但不能腐蚀金；固定硝石溶液溶解油状物，酸精（硝石精或矾精）则不能。物质溶解决定于溶液微粒运动、形状的样态（modification）与被溶解物体中的孔洞（pore）是否适应。波义耳对实验现象也做出机械解释，如溶液的发泡现象是因为很多小盐粒与酸精的结合与冲突。

在一些物体中，“性质”只是构成它的物质（matter）的一种变形（modification），而并非“实体形式”或元素；物体各部分的排列构成具有特殊性质的、确定种类的物体。如果那些相同的部分按另外的方式排列，就将组成与先前物体性质不同的新物体。原有物体的性状又可通过新物体分解后，由相同粒子组分按原有排列重新结合而再次获得。即是说，化学性质并不与某种实在的“要素”相对应，而是由微粒的大小、运动、排列、构造等机械属性所决定的第二性的属性；大小、形状、运动和排列（disposition）等机械性质或第一性质是第二性质的原因。

“硝石复原”实验在微粒假说引导之下设计和展开。用微粒运动、物体中微粒的排列或织构（texture）、物体中微粒间的孔洞（pores）等机械理论，解释物体分解后原有性质消失产生新的性质。而这些组分重新结合后，各自的性质消失，原有性质得到复原。“硝石复原”的实验系统中微粒论和实验紧密联系，相互支持，代表一类旨在解释现象、确认理论的实验系统。

---

① Thomas Birch. The Works of Honourable Robert Boyle [G]. London: J. & F. Rivington, 1772, Georg Olms Hildesheimeim reprinted in Germany, 1965 (4): 72—73.

第三节　事物性质的微粒论解释

《怀疑的化学家》着重反驳关于物体的具体理论，即元素论或种种要素论。“硝石复原”给出了微粒论解释性质的实验范例。波义耳在《形式与性质的起源》中，一方面全面阐述微粒论学说，一方面则直接针对元素论背后的形而上学理论、“实体形式”学说。《形式与性质的起源》全名很长：“根据微粒哲学，通过评注之前写作的硝石论文中的实验和相关思考来阐明形式与性质的起源”。包含以下主题：

①关于“形式与性质的起源”的实验和思考之理论部分；
②关于“物理性质”具有相对性的附论；
③对逍遥学派惯常教授的“实体形式”学说起源的考察；
④对“形式”的产生和再生的实验和思考；
⑤对“盐”的有趣形状的疑惑和实验；
⑥关于物体“复原”的实验尝试；
⑦关于“形式与性质的起源”的实验和思考之实验（博物学）部分；
⑧当代学者对“实体形式”的三类惯常思考。

关于波义耳对微粒论的阐述，前文已做出叙述。阐述微粒论后，波义耳指出，机械论学说能够十分明白地解释现象和物体性质，没有必要再假设所谓的“实体形式”。

首先，提出微粒论的基本原则：

①存在一种对所有物体都一样的，普遍和一般的物质，即一种广延的、可分的、不可入的实体。

②这些物质按其本性是一样的，我们在物体中看到的多样性不是因为物质，而是它各部分不同趋向的运动造成的。

③物质和运动是最普遍的原则；物质因具有不同运动的真实效应，实际上被分为极细小以至不能感知的各部分；整块物质或不可感的部分都具

有大小、形状和运动（或静止）的本质属性。[①]

其次，阐述“自然性质”的相对本性（relative nature），即“性质”不对应“形式”。

④若设想宇宙除了整体的未被区分的物质别无他物（如图中所述），则难说除物质、运动、体积和形状等机械属性还有什么其他性质。但宇宙中有无数的微粒混合在一起，物质基于不同的比例产生了两种新的属性（accidents），一种是微粒对于静止物体的姿势（posture）（直立、倾斜或水平）；当更多的这种微粒相互排列就产生了秩序（order），这两者又导致位置（situation）；许多微粒聚集起来组成独特的物体。从上述微粒属性而来，物体的整体中出现的特定的排列（disposition）和机制（contrivance），称为物体的织构（texture）。

⑤若设想宇宙中只有一个物体，如金属块或石头，也难以显示它除了是“物质”，还具有什么我们赋予不同名称的偶性。但事实上，世界上存在具有感性和理性的人，人体有些具有不同特性的外部感官，能接受物体的印象（impressions）。感官也因物体的大小、形状、运动和织构起作用。一些影响眼睛，一些影响耳或鼻子。心灵，作为身体的统一，理解把握感觉，将它们称为光或颜色、声音、气味等。由于与感官相关，这些性质可称为可感性质。因为心灵习惯将所有东西理解为实体（比如“缺乏”和“盲”），好像可感性质存在于物体之中似的。但是，可感性质不过是粒子的大小、形状、运动及整个物体的织构造成的。[②]

⑥微粒论假说似乎遇到一些困难，一些可感性质与我们是否在世界之中无关，如雪是白的，燃烧的炭是热的，但这只表明物体不仅作用于感官，也作用于非生物。炭不仅烫手，也使冰融化为水，即便世界上不存在任何有感官的动物。[③]

① Thomas Birch. The Works of Honourable Robert Boyle [G]. London: J. & F. Rivington, 1772, Georg Olms Hildesheimeim reprinted in Germany, 1965 (3): 15—16.

② Thomas Birch. The Works of Honourable Robert Boyle [G]. London: J. & F. Rivington, 1772, Georg Olms Hildesheimeim reprinted in Germany, 1965 (3): 22—23.

③ Thomas Birch. The Works of Honourable Robert Boyle [G]. London: J. & F. Rivington, 1772, Georg Olms Hildesheimeim reprinted in Germany, 1965 (3): 22—23.

然后，波义耳对“形式”的意义做出专门分析：

⑦许多人认为组成物体的，除一般的物质，还有某种“形式”(form)，它使得事物区别于其他事物，使其“是其所是”。又说物体的性质或其他偶性必须依靠它，所以“形式”被视为实体。但那些人指出事物种类，实际上仍只用到属性的汇集。形式并未结合进物体，因为性质的汇集足以确定物体的种类。①

最后，波义耳用微粒论阐述“自然哲学”的核心问题，即性质的产生、毁灭和变化。

⑧根据微粒假说的原则，“产生、毁灭和变化”的意义是：

(1) 世界中存在大量的物质粒子 (particles)，单个粒子极微小而不可感知，作为未被自然（造物主）区分的整体，坚固而有确定的形状；尽管在造物主心中是可分的，但因其微小和坚固，自然几乎不能将其分开；它们被称为“自然最小质”或“自然始基”(minima or prima naturalia)。

(2) 众多微粒均由一些“自然最小质”紧密凝结成；这些单个“第一凝结物”仍不能被感知，尽管它可能被自然分开，但因粘接很牢固实际上甚少被分解或打破，而是以不同方式和伪装作为整体存在于可感物体中。

(3) 每个第一凝结物都有确定的大小、形状，因相互联结时的位置和联结情况，会发生大小、形状和运动的改变。组成微粒的粒子团或任何小块物质脱离时，运动状况也会变化；微粒加到物体上或从其上分离时，因须与物体中孔洞 (pores) 相一致，其大小和形状也有变化。

(4) 许多不可感微粒结合成的可感物体中，若有某一原因造成微粒的运动，物体内部会发生很大的变化从而获得新的性质。运动经常在物体中发生可感变化，微粒分解或相互碰撞而改变，或脱离物体，或重新定位，或获得新的结合，由此物体的织构也发生改变，尤其是物体中间隙和孔洞的改变。

(5) 源于物质部分的大小、形状和运动，及作为它们排列结果的物体织构 (texture)，造成了物体的颜色、气味、味道和其他性质，它们的产

① Thomas Birch. The Works of Honourable Robert Boyle [G]. London: J. & F. Rivington, 1772. Georg Olms Hildesheimeim reprinted in Germany, 1965 (3): 27—28.

生、毁灭和变化无不由于微粒织构的变化。[①]

波义耳扩展了"硝石复原"实验，提出更多物质的"复原"实验，如酸精、松节油和其他一些固体的复原；琥珀复原实验不太成功，而松节油复原比较成功。[②] 这些复原实验涉及的物体更复杂。这些物体性质的"复原"实验表明，解释"性质"不需假设某种"形式"作为其实体；可感性质的原因是机械性质，即组成物体微粒的大小、形状、运动和织构。

"物质复原"实验在波义耳批判"实体性质"学说、阐述机械哲学的努力中占据着十分关键的地位。对于波义耳，这些微粒假说不是一种关于实在的思辨理论，即构建思辨哲学而设定的抽象假定，而是实验哲学的重要组成部分，不仅用于指导实验，也用于解释现象。思辨的元素论和庸俗的要素论不能理智地解释事物的性质，而微粒论能够很好地解释，因此说"微粒假说具有优势"。

这种"优势"并非说微粒论是由实验序列判决的"正确命题"而元素论不是。回到上文提及世纪之交关于波义耳微粒论与实验关系的争论，查尔默斯否认微粒假说有所谓"优势"，他即是在"经验命题正确性"的意义上看待这一问题的。波义耳强调理性假说在实验中的作用，他曾在一份手稿中分析思辨假说与实验的关系：

> 实验对于思辨哲学的用处：
>
> ①提供或校正感官资料；
> ②启发一般或特殊的假说；
> ③阐明对现象的解释；
> ④决断疑惑；
> ⑤确认真理；
> ⑥辩驳错误；
> ⑦提示有启发性的实验研究，并确保能精妙地完成。

---

① Thomas Birch. The Works of Honourable Robert Boyle [G]. London：J. & F. Rivington，1772. Georg Olms Hildesheimeim reprinted in Germany，1965 (3)：29—31.

② Thomas Birch. The Works of Honourable Robert Boyle [G]. London：J. & F. Rivington，1772. Georg Olms Hildesheimeim reprinted in Germany，1965 (3)：62，65.

思辨哲学对于实验的用处

①设计主要关于原理、概念、推理的哲理性的实验；[①]
②设计实验中用到的力学或其他装置；
③通过一些变更改进已知的实验；
④帮人们评估何者在物理上可能和可行；
⑤预测未操作过实验的事实；
⑥确定各种实验中疑惑的原因和限度；
⑦精确确定实验的环境和比例，如实验中的重量、大小和时间。[②]

波义耳还讨论了提出或判别“假说”的一般性要求：

“好的假说”必须：

①明白而可理解；
②不假定任何不可能、不可理解、荒谬和显然错误的东西；
③保持一致（即不自相矛盾）；
④能很好地给出关键现象的充分解释；
⑤与剩下的相关现象也至少不相冲突，不与任何自然现象或明显的自然事实矛盾。

“出色假说”除满足上述五条，还需满足：

①它不是强行得出的，而是基于事物性质本身有其根据，或至少得到辅助证据的支持；
②它是所有“好的假说”中最简单的，至少不包含肤浅和无关的东西；
③它是唯一能解释，或至少能更好地解释现象的假说；
④可通过是否与它一致来预言现象，尤其是预言巧妙设计用来检测该假说的实验，即预测某现象是不是该实验的结果。[③]

这些标准与科学哲学的一些话题十分相近。比如“不与任何自然现象相矛盾”包含了符合经验的要求；但这些“要求”又与科学哲学的逻辑标准不同，

---

① “哲理性实验”，不是伽利略式的思想实验，大致相当于“反驳理论的实验”。
② Royal Society. Boyle Paper [Z]. vol. 9：fol. 30v.
③ Royal Society. Boyle Paper [Z]. vol. 36：fol. 57v—58r.

比如“明白而可理解”的意思是假说应简洁清晰，不涉及难以理解的含混概念，而不是像科学哲学的主流那样，用实证标准拒斥形而上学。波义耳关于假说的论述，并不局限于为知识“逻辑的合理性”辩护的专门课题，而是在17世纪自然哲学的广泛语境中提出的。比如，说假说“不是强行得来”，“不包含肤浅和无关的东西”这些要求都与自然哲学或实验研究密切联系，几乎不可能形式化某种知识命题的逻辑标准。

根据这些要求，微粒论假说是十分出色的。微粒论假说简洁、明白、有包容性、与现象一致，能解释现象并得到实验的支持。

波义耳批评逍遥学派颂扬“实体形式学说”是“接受自己不理解的东西”；而化学家们责难对自然现象的机械解释是“批评自己不理解的东西”。《神学相较自然哲学之优势》(1674) 中的《机械或微粒哲学的基础和优势》一文从四个方面专门分析了与逍遥学派理论相比，微粒假说的优势：

首先，机械原则和机械解释是理智的（intelligibleness）和明白的(clearness)。亚里士多德学派围绕“质料”（matter）、“缺乏”（privation）、“实体形式”等争论不休；而化学家在定义和解释他们的“实体要素”(hypostatical principles) 时陷入迷惑，很难使学说的内容彼此协调，又与明显的现象保持一致。因此，就是承认他们的学说，也难以运用到现象的解释之中。而微粒论则很容易理解：位移、静止、大小、形状、秩序位置和物体实体的内部结构（contexture)；这些机械性质在宏观物体中都是显而易见的。一个可行的微粒论解释就连亚里士多德学派和化学家也乐于接受；看到他们不再寻求除微粒论解释之外的任何其他解释，哪怕是用他们自己的隐秘形式和隐秘性质给出了非凡解释。

其次，机械哲学的原则是物质和运动，两者不能简化为一种原则。若只有物质，由于其惰性，则物质的所有部分将处于同一个状态而不运动，就既没有变化也不会相互作用。

第三，不能设想比物质和运动更基本的原则。或者两者都是上帝直接创造的；或者物质是永恒的，运动由非物质的超自然力量引起，或由物质自身性质直接流溢（emanation）出来。

第四，不能设想任何比物质和运动更简单的物理原则。它们不能相互归约，也没有真实、理智而可行的方法说它们是复合的。

第五，微粒论有巨大的包容性（丰富性）。物体各部分间相互剧烈碰撞，其真实而必然的效应是，或者成为一个整体，或被打碎为粒子（particle)。无论是整体还是碎片都具有不同的运动、形状、大小、姿势、秩序、织构。每一个（属性）都有无数种变化。微粒论具有极大的丰饶性（versatility），能解释纷繁的现象和事物性质。[①]

---

① Thomas Birch. The Works of Honourable Robert Boyle [G]. London：J. & F. Rivington，1772，Georg Olms Hildesheimeim reprinted in Germany，1965（4）：69—70.

第五章　微粒论在实验中的作用和发展

一、微粒论作为指导实验设计的假说

“真空存在”是波义耳微粒论的基本内容。笛卡尔与逍遥学派一样，断言宇宙普满，却并不给出实验；波义耳对托里拆利实验进行研究，用不同的现象进行对照实验，用空气泵检测抽空容器之后空间的性质。尽管实验不能验证形而上学假设的正确性，但实验阐明了抽气前后现象的差异及其原因。“空气泵实验”用空气弹性假说，而不是普满论的物质循环回复的“意动”，解释空气的压力和重量。抽气后空气十分稀薄，说明空气泵抽出了绝大部分的空气，因此余下的空间至少可称为是排除空气的“真空”。波义耳对笛卡尔以太做出否决性的实验，说明抽空后的容器中不能观测到以太的机械效应，那种普满的、对粒子产生机械作用的以太就不存在。

微粒论作为一种机械论哲学，面对逍遥学派的目的论自然哲学，以及种种思辨体系，要提出适当的问题，确定实验的研究对象、研究方式，以及在实验研究的过程中推进问题的探讨。这些任务要求提出一种本体论的设定作为设计实验的基础。分析显示，“空气泵实验”之所以对照抽气前后容器中的现象，正在于它设定了“真空存在”，并用实验实验实现“检测真空”的目标。

同时“实验哲学”的目的不在于干涉形而上学论辩，而是用实验对现象进行明白而理智的解释。这种解释在当时的语境下，在波义耳看来，就是微粒论的解释。因此，“空气泵实验”探讨托里拆利实验中一定高度汞柱的原因，波义耳认为是空气具有弹性而产生的大气压力。“空气泵新实验”和“空气泵新实验续”等论文提出大量的实验显示空气的弹性及其压力，表明这种因空气压缩和扩张产生压力的原因是机械原因——“空气的弹性”，而并非霍布斯所谓“以太圆周意动”或莱纳斯所谓拉住汞柱的“索状物”。

二、微粒论作为解释现象的假说

波义耳致力于对实验现象做出机械论解释。但在不知道最终的机械原因之前，化学的和生物学的解释，作为现象的“次级原因”也可用于解释现象，但最终需要得到彻底的机械解释。波义耳将这些有待于找到机械原因的解释假说称为“次级的原因”。这一模式贯穿阐述微粒论的“硝石复原”实验和研究事物性质的实验过程之中。

化学性质的原因是微粒成分的大小、形状、运动、排列，但分析物体性质的化学实验不能揭示物体微粒织构的具体方式。化学家们的“要素论”若能一致地解释实验现象，也是可以被接受的。之前提到波义耳乐于接受化学家的实验，而反对他们的哲学体系即是此意。化学的和生物学的解释不充分，为了达到“理智哲学”的要求，需要对其微粒机制做进一步研究，比如“炼金术”研究微粒嬗变和微粒的统一性，有助于实现对性质的机械解释。对于化学解释，波义耳说：

> 我对自然效应给出的理由和解释，大部分都没有直接诉诸原子或物体最小粒子的大小、形状和运动，我觉得当对此给出一些解释。…… 我认为通常给出一个效应或现象的理由，就是将其从比它们更熟知性质的其他事物那里推导出来，结果就可能存在对同一事物多种程度的解释。尽管这样的解释（机械解释）最适于理解，它由此显示出，那些效应是如何由物质更加首要和普遍的属性，即大小、性质和运动，产生出来的；而这些解释（间接解释或非机械解释）也不应被藐视，其中那些特殊效应从那些事物更明显和熟悉的性质和状态，如热、冷、重、流动性、硬度、发酵等中推演出来得以说明。而那些性质确实基于前述三种普遍的性质（机械性质）。在自然原因的探索中，每一发现的新方法都将指导和加深理解；我愿意承认，发现的原因更接近级别和序列上最高的原因，理智获得的指导和深入也更多。①

---

① Thomas Birch. The Works of Honourable Robert Boyle [G]. London: J. & F. Rivington, 1772, Georg Olms Hildesheimeim reprinted in Germany, 1965 (1): 308.

微粒论假说解释现象在“硝石复原”实验中得到了很好的示范。虽然波义耳并未给出硝石、固定硝石（氧化钾）、硝石精（硝酸）的腐蚀性、固定性、逃逸性、溶解性等化学性质所具体对应的微粒织构；但指出了这些化学性质的原因是微粒第一性的机械属性，即不同大小、形状、运动微粒的织构。较之“要素论”用实际存在的某种“物质始基”解释性质，这种化学解释更为明晰，推进了机械哲学对自然现象的研究和解释。波义耳研究事物各类性质的实验同样遵循这种方式，安斯提·派尔指出，这十分类似于培根解释现象的“中间假说”，作为解释假说的微粒论是实验哲学的内在组成部分。

三、微粒论在实验中的发展

《形式与性质的起源》中阐述微粒论的机械原则，只一般地区分机械性质和可感性质，可感性质的原因是微粒的机械属性，无需用“实体形式”来说明。区分物体第一性质和第二性质在伽利略的《试金者》（*Il Saggiatore*，The Assayer，1623）中已有表述；波义耳的思想影响到约翰·洛克；由于洛克在哲学史上的声望，波义耳的性质理论常被附上某种洛克色彩。[①]

波义耳微粒论及其性质理论并不是一种思辨哲学，在与实验的互动之中，其内容得到充实。彼得·安斯提对《关于多种特殊性质机械起源和产生的实验和注解》做了总结分析，大致可见波义耳对物体性质做出进一步的分类，见表5－1：[②]

表5－1　波义耳的“性质”理论

<table>
<tr><td>机械属性</td><td colspan="3">非机械属性</td></tr>
<tr><td rowspan="4">微粒的大小、形状、运动、排列与织构</td><td>显明性质</td><td>隐秘性质</td><td>可感性质</td></tr>
<tr><td>第一类：冷/热、干/湿</td><td rowspan="3">磁性质
电性质</td><td rowspan="3">颜色
味道
气味
声音</td></tr>
<tr><td>第二类：流动性、坚固性、挥发性、溶解性、渗透性、腐蚀性等化学性质</td></tr>
<tr><td>第三类：凝血及镇痛作用等医学性质</td></tr>
</table>

---

① Stuart Brown. British Philosophy and the Age of Enlightenment [M]. London and New York：Routledge：1996：36—42.

② Thomas Birch. The Works of Honourable Robert Boyle [G]. London：J. & F. Rivington，1772，Georg Olms Hildesheimeim reprinted in Germany，1965（4）：235.

机械属性是“第一性质”，即微粒组分的大小、形状、运动、排列、织构等，它们是物体的“非机械属性”即“第二性质”的原因。“非机械属性”中，可感性质（sensible qualities）是微粒与感官相互作用的结果；显明性质（manifest qualities）是容易觉察的性质；“隐秘性质”（occult qualities）不易感知，不容易得到机械解释。但“隐秘”只是对难以达成机械解释的电、磁等性质的一种描述。波义耳相信机械原则能解释物体的所有“性质”，“隐秘性质”根本上并不隐秘，只是有待于进一步的机械解释。[①]

显然，“显明性质”“可感性质”“隐秘性质”不是用齐一的标准做出的“周延”的逻形式划分，它包含实验的内容，提示这些性质可能是不同层级的微粒结构的表现。尤其是波义耳那些研究事物“性质”的实验，广泛运用微粒论解释性质，其“性质”理论的内容也得到了实验充实：

《怀疑的化学家》的主要任务是反驳一切元素或要素说，提出微粒论假说。但实验仅仅指出，四元素或三元素作为物体的单纯始基，从实验方面而言是不完备的。比如，火分析的产物可能并非简单物；而分析得到的同质部分有时多于四到五种。但是，在这里，波义耳对于“元素－要素”学说的基本原则，即“要素－性质”对应没有做出充分的批判，而这一原则背后即是逍遥学派自然哲学的核心理论之一“实体－形式”学说。

《形式与性质的起源》通过解释物质分解后复原的实验现象和物体性质系统地区分第一性质、第二性质，阐明物体可感性质的机械。波义耳说第二性质是微粒与感官相互作用的结果，又说没有感官的参与，同样能产生特定的效应，如红热的炭没人摸也能使冰融化，但并没有致力于解释不同第二性质对应何种微粒论结构。

《关于多种特殊性质机械起源和产生的实验和注解》（1676）总结了之前广泛的培根式“性质”研究，结合实验讨论冷热、味道、气味、酸、碱、电、磁等性质的机械起源，将第二性的质或非机械性质区分为“显明性质”“可感性质”和“隐秘性质”。这几类性质已经不是单纯的机械论假说，而是经实验阐明的，对应不同层次的机械原则或微粒结构。可感性质必然需要依赖于感官的结构，但显明性质中的冷热干湿、化学性质和医学性质则对应不同凝聚层级和精妙程度的结构。

据上述研究得出简要结论，波义耳微粒论与实验具有三方面紧密联系：

---

① 参见 Peter Anstey. The Philosophy of Robert Boyle［M］. London；New York：Routledge，2000.

其一，辨明“检测性实验”和“探索性实验”的方法论意义。

其二，阐明良假说的“标准”及假说对于实验的指导作用，为微粒论假说相对于逍遥学派自然哲学和“优越性”（excellency）做出了辩护。

其三，同微粒论以指导或解释的方式参与到实验中，丰富了微粒论的经验内涵。

附录一　空气泵实验的内容分析[①]

附表 1　“空气泵新实验”43 个实验的详细分析

实验简介	设计目的	操作过程	分析和推理	附注
E1 气泵抽气	验证气泵抽气功效	关上唧筒与容器间的阀门；用摇柄使唧筒活塞抽气；打开阀门，连通后关上；使活塞复位再重新操作	空气有一种弹性能力，抽气时可以伸展；	提出解释空气弹性的猜想；介绍开普勒对大气厚度的猜测和帕斯卡的实验研究
E2 拉容器塞盖	探究空气弹性和容器内外的压力平衡	抽气，拉容器塞盖，发现很难拉开	空气扩张后弹性降低，外边气体向内压塞盖	类似于“马德堡半球实验”
E3 活塞上吸	批评“充满论”解释	拉一次活塞，放开后恢复到唧筒顶部	充满论对弹性的解释（循环）	霍布斯对空气弹性解释提出批评
E4 囊的扩张	定量空气扩张弹性实验	羊膀胱做成紧束半满气的囊，放入泵中抽气后扩张	囊阻止里面的气体继续扩张同时被气体涨满	—
E5 囊抽气爆炸	展示气体的弹性	干燥的半满气囊在气泵抽气过程中突然爆炸	加热也可能使空气扩张	—

① 以下实验称为“空气泵实验”，是因为大多是将装置放入空气泵，然后抽气，观察有无变化。限于篇幅，不加图解，表中操作不再详加说明。

续表1

实验简介	设计目的	操作过程	分析和推理	附注
E6 容器中，半满小瓶套湿瘪囊，抽气鼓囊	初步定量测量扩张倍数	气泵放气，瘪囊可回复，但若湿润瘪囊顶端开有小孔，则不能恢复到初始状态	瓶内空气扩张，鼓胀瘪囊；于囊顶刺小孔，气体进入瘪囊	—
E6a 用带刻度的长管中对空气扩张做定量分析	定量分析空气扩张倍数	长管内放入1份气体，倒扣放入小瓶水面下，置入气泵抽气，有气泡溢出管口，扩张超过30倍，气泡如豌豆	如果没有受到外大气压阻拦，在气泵作用下管内空气会扩张超过200倍	长管装置类似托里拆利实验
E7 薄壁玻璃球受力	探究物体形状对抗压能力的影响	薄壁玻璃球可容纳5盎司水，带有鹅毛管大小细颈。抽出其中一些气体后封闭细颈开口，放入容器抽空，敲掉细颈，气体快速冲入，玻璃瓶破碎	纸一样薄的球瓶承受了很大的内部压力	
E8 蒸馏瓶抽气破坏	探究物体形状抗压及破坏	将旧式蒸馏瓶开口密封，插入容器密封抽气，蒸馏瓶最终破坏	蒸馏瓶壁被向内拉坏，破坏处厚度相当于E7中的20倍	
E9 玻璃瓶抽气爆裂	展示气压破坏玻璃瓶	在玻璃瓶外套囊，破坏后碎玻璃甚至将囊扎坏；加厚玻璃瓶不会破裂	破裂是因为大气压力，与“害怕真空”无关；附注密封技术的细节	
E10 烛焰抽气熄灭	探究抽气对燃烧的影响	蜡烛点燃吊入容器，快速抽气后半分钟熄灭，无烟；第一次抽气火焰缩小，继续，火焰变蓝渐变为烛芯顶端一点，燃烧2分钟后熄灭。不抽气燃烧时间更长，熄灭有烟柱	抽气对燃烧火焰和烟雾产生影响	
E11 红热木炭抽气	观察铁丝缠绕木炭燃烧红热抽气	燃烧木炭抽气火焰变小，摇晃可使火焰上下飘动。抽气时火焰消失、红热变暗，取出后有时火焰会重燃；取同样大小的红热铁块，抽气顶端变暗，放气无变化	红热铁块温度高于燃烧木炭，但抽气没有变暗的现象	

续表1

实验简介	设计目的	操作过程	分析和推理	附注
E12 火柴燃烧抽气	观察容器中的火柴燃烧	点燃火柴放入，大量烟雾使容器变昏暗，把空气和烟雾抽出，使其明亮，火焰变弱消失；为确保熄灭，继续抽气，放入空气后，火焰和烟雾恢复	继续E11，研究火焰抽气熄灭放入空气后是否会复燃	E11显示无火焰但仍未熄灭，继续抽气确保熄灭
E13 囊与火柴燃烧抽气	检验抽囊外空气烟雾是否阻止囊内空气扩张；考察火柴熄灭原因	火柴燃烧烟雾充满，但渐暗，抽气暗室观察无火星，少量烟雾上升，再抽气7次；放气后复燃，烟雾再充满，囊扩张约7倍；抽气使熄灭	烟雾没有阻止囊的扩张；火焰熄灭时浓烟环绕，但有光晕；将烟雾抽出，放气后重燃并产生烟雾	火柴尾端系瘪囊装1品脱气体，最大可扩展12倍
E14 气泵中击发手枪	验证火药是否在抽气后被点燃	1英尺的手枪装药绑在棍子上，放入抽空容器后扣动扳机，观察火药是否被击发，火焰的扩展方向与在空气中击发相比有无明显变化	未做分析	可能没有达到设计实验证明
E15 抽气聚光镜引燃可燃物	继续E14探究火药的燃烧	少量黑火药放入小容器抽空，放入空气泵容器中抽空气体、聚阳光引燃，马上放入空气，烟雾仍迅速充满	“复述失误的实验和复述成功的实验一样有用”	Eleutherius和Carneades关于热和火的对话中提到关于火的一些思想和实验
E16 观察磁石吸引真空的铁块	考察磁铁实验能否产生特殊现象	容器吊起带尖端的5英寸细铁条，使平衡可自由移动。抽气，磁石接近，铁条被吸引，移开磁石，静止后指向南北	抽气对磁性现象没有影响	
E17 托里拆利装置放入气泵抽气	验证气泵是否漏气	抽气使得托里拆利真空管中的水银下降至与外部液面齐平	若漏气，则容器有气压，管中水银会高于外部液面	“空中之空”实验

续表1

实验简介	设计目的	操作过程	分析和推理	附注
E18 对托里拆利实验汞柱进行长时间观察	考察汞柱高度是否变化	3英尺玻璃管做托里拆利实验，热铁靠近上部可使汞柱下降一点；管壁贴刻度光亮处静置数周，发现根据气温冷热汞柱略有升降	气压变化及少量空气热胀冷缩；批驳笛卡尔弹性海潮假说（月亮压迫以太，以太压迫潮水）	Wren建议观察新月和潮水时汞柱变化；Kircher曾希望观察到涨缩空气带来折射
E19 用水做托里拆利实验	重做帕斯卡的实验	4英尺长玻璃管盛水倒插，置入容器中密封抽气；顶部出现空隙时，每抽气一次水面下降一点，最多降至约1英尺高，因为余下气体仍有气压	水银比水重很多，所以没有可觉察的汞柱高度变化	帕斯卡用水做托里拆利实验，需要30英尺以上的玻璃管
E20 小长颈瓶盛水抽气	展示和研究水的弹性	带长颈的玻璃球（“哲人蛋”）盛水略漫过球，贴纸标示，放入容器抽气，水开始上升：每次唧筒阀门放气时，水面快速上升约一粒玉米宽	实验好像证实了水经压缩后扩张的力量，但推理不严谨，需要进一步实验	另一个实验有Wilkins见证
E21 水下瘪气囊抽气	考察水的扩张是否由于水的弹性；或归因于水中的精微物质（空气）	放置水杯没入几乎无气的紧束涂油小瘪囊系坠物，抽气后囊扩张；小瓶插管盛水密封放入抽气，水面上升，瓶壁出现气泡并扩张上升	大气压作用于水下物体；水中含大量不可见的小气泡，小气泡膨胀使水扩张	气泡不是水的烈性部分，将由下一个实验证实（对于批驳霍布斯的循环论很关键）
E22 水柱抽气时产生的气泡	验证气泡藏在水中的细微空气而非某种精微物质（以太）	E19中装置抽气水面下降时发现管壁附有大量小气泡上升并破裂，放气后，外部气压不能使水充满玻管	水面上升不是由于水的弹性而是藏于其中小气泡的扩张	如果气泡是精微物质，则外部气压可以将水压上顶部。在托里拆利实验中也可见到

续表1

实验简介	设计目的	操作过程	分析和推理	附注
E23 抽气与水中气泡	考察气泡的来源以及与水扩张的关系	可容9盎司水哲人蛋瓶颈基部直径1英寸口部直径1/2英寸盛水1.5英尺深容器上部留空，抽气出现大量气泡并上升，由于水面较宽，没有观察到水面上升，放入空气水体积反缩小；蒸馏水抽气，无气泡	蒸馏水或已经被抽过气的水用来实验则不会出现气泡	哲人蛋可容约1盎司水，颈部顶端直径0.5英寸，底端直径约1英寸
E24 不同液体抽气	观察抽气时不同液体中的气泡	火鸡蛋大小哲人蛋颈径1/3英寸装色拉油至颈部一半。重复E23中的实验设置用水做对照实验，抽气油中气泡较早较多；水银抽气无气泡；碳酸钾溶液气泡最小最少；醋精无异常，而红酒气泡特别多	用不同的液体实验暗示密度越大的液体气泡越小，但无明确结论	—
E25 没入水下的小瓶抽气	观察气体扩张和气泡的出现	小瓶加水银充满1/4容积后用蜡封口，倒转没入盛水1品脱广口瓶，另一小瓶满水，留豌豆大小气泡，开口向下没入；广口瓶放入抽气，出现气泡，可以排除小瓶中水使之上浮；水银瓶中空气扩张可以推开蜡塞	漫步学派认为空气稀薄会占据更多广延却没有进入新的物质的解释已十分过时，可证明真实原因是空气因弹性扩张	形状大小见Vol. 1 plate 1 fig. 8（葫芦状鸡蛋大小）
E26 抽气后钟摆持续时间	考察钟摆在真空中是否更快或更持久	取一对同样大的重20达兰的钢铁摆球，其一用7.5英寸细线吊入容器，另一个用同长细线吊在空气中相对照，抽气后空气泵中的钟摆持续更长时间	在薄介质比厚介质中钟摆持续更久。（时间长短与初始高度有关，两个摆球对比不明显）	波义耳直觉钟摆会对自然研究很有用，但对钟摆的机械性质不很清楚

续表1

实验简介	设计目的	操作过程	分析和推理	附注
E27 真空中响铃	探究是否有比空气更为稀微的介质(以太)	闹钟吊入容器，密封后，以上口附近和侧面听，声音明显不同；抽气后声音越来越小，最终听不到声音。用细棍子撑在容器上支持闹钟居于气泵容器正中，密封后声音较闷，抽气后无明显变化	空气是主要的声音媒介，但更稀薄的物质或周边物体也可以传递声音	Kircher在托里拆利空间中实验，外部能听到声音，推断声音介质是稀薄物质
E28 小瓶盛水加塞抽气	展示密封空气的气压	可容约7盎司水小瓶盛水3匙，加塞抽气，塞子未被冲开，稍松瓶塞再试，无果。玻璃蛋盛水悬挂，嘴部脆弱，抽气，打碎气嘴，空气和水喷出	用小容器，藏在水中的气泡会更快显示。似小珍珠溶于酸的现象，推测用酒现象会更显著	论述E1，参考E20
E29 抽气液体出现雾气	观察抽气时液体的冒出烟雾	小瓶装特制液体，空气中冒白烟好像石膏灰像；瓶底系铅块，吊入容器，抽气烟雾快速充满容器，但不会像在空气中冒白烟	海水含盐部分下降，地面搅起灰尘，空气阻止甚于促进烟尘上升；需更多实验，以反驳烟雾上浮因获得气体“轻性”	《怀疑的化学家》中提及Carneades与Eliutherius关于热和火焰的对话；见E1，E18
E30 火柴烟雾	探究烟雾上升的原因	火柴熄灭后容器内充满烟雾；静置待烟雾留于底部；缓慢倾斜，烟雾表面水平；快速晃动仪器卷起波浪；红热铁块接近使烟雾上升	将大气看作溶液，可解释春秋日出时的雾；即阳光对大气的搅动，太阳边缘呈忽隐忽现锯齿，如波浪	续E29
E31 光滑大理石片紧贴悬挂抽气	验证大理石片紧贴是由于大气压力	2.3英寸见方1/2英寸和1/4英寸厚大理石两片磨光接触面压紧，约2分钟内可承受拉力而不脱开，但不及抽气，加酒精紧贴放入抽气不脱开，若磨得够好，可不用酒精	酒精没有黏胶作用，只阻挡空气进入，不脱开可能是容器有剩余气压(约1英尺水柱)	—

续表1

实验简介	设计目的	操作过程	分析和推理	附注
E32 抽气后瓶口吸物	演示大气的压力	容器抽空移开，铅膏密封上盖，打开底部阀门气体进入，阀口吸住小物体不落	在“关于流动性和固性的讨论”中提到	见 Vol.1 plate 1 fig.9
E33 唧筒密闭活塞挂砝码	测量大气作用在活塞上的压力	唧筒上部小孔打开，活塞由于自身重量可自由落下；密封小孔活塞不会掉下，加砝码可拉开活塞	砝码称重测出空气柱重量，气柱直径与唧筒相等，长度是大气的高度	—
E34 空气及真空中的天平	探究不同介质中称重是否有变化	干燥囊束紧，半满空气置于天平（可量1/32格令），用金属块使平衡并略占优，放入容器抽气，囊扩张将天平臂压下	静置仪器，隔天早上囊所处一臂下降，怀疑是囊吸收潮气，对实验结果不满	没有提及浮力定律
E35 气压对虹吸管和过滤器的影响	解释虹吸和过滤时液体上升的原因	内径1/4英寸，高约1.5英尺虹吸管，一端拉长留细口，注水倒转，短脚没入水面约3英寸，嵌入容器上盖，密封抽气；空气被抽完前长脚滴液；抽气时管内有气泡上聚顶部；放气重被液体充满，长脚恢复滴液	实验中水柱失去连续性；虹吸作用因为气体将液体压入管中；法国数学家记载细管毛细现象，假想水凹面和汞凸面可由微粒形状解释	见 Vol.1 plate 1 fig.3，5，数学家试图用虹吸现象解释过滤器作用
E36 容器中天平称量空气	称量空气的重量	吹制玻璃蛋封口置天平上用铅块平衡放入抽气后失衡，放气平衡恢复；加3/4格令抽气，失衡天平接近平衡，再加1/4格令平衡；玻璃蛋开口后无此现象	类似空气中称重物，真空中可称空气	引述伽利略认为空气不是重量的缺失；抽空容器应称为真空；数次引述 Marin Mersenne
E37 抽气时容器有时会闪白光	记述新的奇特现象	靠窗向南，抽气开阀时，容器内似有光亮，马上消失；窗后遮上帘子或在黑屋、夜晚做实验不会闪亮光。隔天早上重复实验，无亮光	猜想空气中微尘被抽气搅动从半透明变得发白，就像搅蛋清或玻璃破碎后发白一样	告知 Wallis

续表1

实验简介	设计目的	操作过程	分析和推理	附注
E38 抽气测试雪—盐混合物融化制冷	测试抽气对雪融化快慢的影响	低端封口的注水细管插入小瓶中雪盐混合物，放入容器抽气，雪—盐很快融化，约15分钟细管低端结冰	无法决定是否因为抽气，需进一步实验；讨论结冰破坏容器的现象	融化太快无结果
E39 长细管小蛋形瓶盛水抽气	分析水柱上升原因，讨论抽气后是真空或以太	卵形瓶钝端开口，细管插入瓶底，密封瓶颈；注5匙水，吹气入瓶，水升入细管；放入小容器，外露约4英寸；抽气使水柱下降约1/3英寸	抽气后容器中更冷，使卵形瓶中空气收缩；或无空气支持，大气压入液面，瓶壁薄会破坏	见 Vol. 1 plate 1 fig. 14
E40 昆虫抽气	探究真空对小昆虫如蜜蜂的飞行是否有影响	容器内放一簇鲜花，放入活动性强的蜜蜂，抽气，蜜蜂不飞，从花上坠落	无法分清介质稀薄或蜜蜂虚弱不能飞行，需进一步实验	—
E41 小动物抽气	演示有肺动物必需呼吸；抽气对动物呼吸的影响	放入受伤云雀跳跃很高；迅速密封抽气，仍活跃；抽出大部空气，跌落、痉挛；放气太晚，鸟死亡	再用健康鲜活麻雀和小鼠实验动物呼吸所必需空气	附有文章讨论呼吸
E42 化学反应抽气	考察抽气是否能显著影响腐蚀液体溶解物体	红珊瑚放入小瓶中加特制醋精（反应不太剧烈），抽气沸腾，充满白沫，放入空气溶解变缓，恢复透明	空气湿气出入面包和麦片中小孔；不同植物呼吸受光照及温度影响	把腐蚀、食物潮湿与出汗看作同类，希波克拉布(Hippocrates)曾做出机械解释
E43 沸水抽气	探究抽气对水沸点的影响	水煮沸排出空气，装满可容4盎司水小瓶，趁热放入容积1磅的小容器，抽气2次无变化，但第4次抽气后瓶内开始沸腾仿佛置于猛火上，溅到容器壁上继续沸腾	猜想水沸腾是由于微粒的剧烈运动，即蒸汽被热水搅动，在抽空容器中扩张，汽鼓动上层液体使其“沸腾”	增补实验

附表2　“空气泵新实验续”50个实验的详细分析

实验简介	设计目的	操作过程	分析和推理	附注
E1 密闭空气的主动弹力	展示空气弹性的主动作用；密封空气弹性使汞柱上升很高	细颈小瓶装1/4体积水银，细管插至瓶底接口密封，长出瓶口约3英尺，吹气检查，上口放入容器抽气，内部气压使汞柱上升约27英寸	批驳自然畏惧真空，见下一实验后半部分	Wallis见证
E2 密闭空气弹性的限度	展示密封空气使汞柱上升不会高于某个固定高度	E1实验小瓶换1夸脱厚壁玻璃瓶，能密封足够空气	抽气可使汞柱最大上升29又3/8英寸	—
E3 管径与汞柱最大高度	展示E1中管径与汞柱高度无关	水银槽插入粗细不同的管子，按E1抽气，上升约28又1/8英寸，当时大气压为29又1/4英寸，粗细管中汞柱上升高度相等	注意：用水做实验，但其密度只有水银的1/14，水柱会很高；可以加热瓶内空气，使汞柱上升约1/8英寸	—
E4 不用压缩空气制作喷泉	对前述实验发现原理的一种应用	用水做E1实验，气泵抽空时内部气压使水喷出	注意：管上部开口拉细留小孔，喷泉可持续	Plate 4 fig. 2
E5 大气压使玻璃板快速破裂	向陌生人展示周围空气重量的直白证据	直径3英寸高3英寸铜圈，上覆窗玻璃板，用黏合剂密封与唧筒连接；猜想第一次抽气就会使玻璃板破碎	空气向内压使玻璃板破碎为许多较小碎块，伴随如手枪的爆响，有助于思考枪声原因	—
E6 用空气压力解释E5现象	讨论E5中玻璃板破裂不需归因“害怕真空”	锥形铜圈一端连接E5中铜圈与之等径，另一端直径小于1英寸；把玻璃板粘在宽口，抽气破碎；粘在窄口，抽气未破碎	用气体压力可一致说明E5中的现象，“害怕真空”无法解释本实验	Ex fuga vacui由于害怕真空
E7 使气囊被空气弹性更易胀破的方式	E1～E4表明密封空气对液体的压力，这里研究它对固体的作用	气囊系留靠近容器口抽气后停留一会取出，气囊纤维被抻长后松弛使之脆弱；放入容器松弛，抽气两次轻易使之胀破	类似“空气泵新实验”E5	容器受内部密封气体的弹性力（E7～9）和外部气体压力（E10）

续表2

实验简介	设计目的	操作过程	分析和推理	附注
E8 囊中少量空气扩张气囊举起小重荷	测量密闭空气的弹性力	取猪或羊膀胱排气只充满1/4～1/5束紧，扁气囊厚约1英寸；压上较小重荷使其不翻转，抽气后胀大拉起重荷1磅又15盎司；但换大膀胱或留更少气体则不能举起相应重荷	实验设计来验证假说，不成功，但至少显示了（膀胱上）肌肉的扩张收缩运动（放弃后膀胱更褶皱）	—
E9 密闭玻璃泡被其中空气弹性力破坏	显示未经压缩的空气弹性	预计密封的中空玻璃球放入容器抽气后会破裂；此次抽气很久，玻璃球似过分坚固，但静置约4分钟后突然爆裂四溅	玻璃球爆裂是由于内部的空气弹性力；无法解释何以过很久才爆裂；只能说内部空气在密封时被加热稀薄弹性降低	“空气泵新实验”中提到此类实验
E10 抽气后玻璃板被一侧气压破坏	展示静止平坦固体上非压缩空气的弹性力	铜圈（如E5）上端用合适玻璃板密封，下端连气泵；外部套容器，密封缝隙；气泵运作铜圈被抽气，容器与铜圈间气体密闭；抽气两次玻璃板被压入铜圈粉碎	气压使玻璃板破坏	密闭气体作用于固体的三个实验
E10a 换小容器嵌套	展示破碎玻璃板不需要大量空气	E10中外套容器换为仅能装入铜圈的小容器，容积仅为之前的1/6，密封缝隙，抽气一两次，容器与铜圈之间的少量空气足以破坏玻璃板	同E10	密闭气体作用于固体的三个实验
E10b 嵌套玻璃瓶抽气爆裂	排除玻璃板破坏是因为厚度不够；展示强大的空气弹性力	E10铜圈换成容积1品脱方玻璃瓶，倒装在气泵，外套容器密闭抽气，玻璃瓶破裂；然后将外部容器换成较大方玻璃瓶，抽气时两瓶同时破裂	空气弹性是破碎玻璃的作用者；为排除疑惑再做变种实验（铜圈玻璃板密封处留气口）	密闭气体作用于固体的三个实验

续表2

实验简介	设计目的	操作过程	分析和推理	附注
E11 抽气虹吸管汲取汞柱	展示水银不能汲取超过某一固定高度	铜管做成虹吸管，粗口安阀门，自称抽气虹吸管；细口密封连接50英寸玻璃管，插入水银槽，抽气汞柱逐步升至不到30ind的应有高度	真空争论的细节描述；该解释基于气体弹性的大气重量，不需用害怕真空解释汲水，也异于伽森狄和笛卡尔	“注解”介绍抽气虹吸管，见plate 3 fig. 2
E12 抽气虹吸管汲取不同液体	探究不同液体汲取高度的比例关系	E10仪器细口借分支管密封连接两只42英寸玻璃管分别插入水银和水中，缓慢抽气，水被提升约42英寸时汞约3英寸；海盐水约7.25英寸；锅灰盐水约30英寸	等体积水比汞轻14倍，故能汲取35英尺；汲取汞和汲取水的Pascal实验中等气压下液柱高度和密度成正比	仪器见plate 3 fig. 3
E13 密闭气体对不同液体压力的效应	考察水和汞的上升高度与它们的“独特重量”	1品脱大玻璃瓶底部加汞再加水，瓶颈插2双开口细管密封，短细管没入汞，长细管没入水，两管上口放入E1容器抽气，汞上升1、2英寸，水上升14、28英寸	仪器改进	—
E14 测量两种液体的“空中之空”实验	空气弹性降低后支持水和汞液柱高度与各自的独特重量的比例	单开口长短两管，短管注满汞倒置入汞槽中，长管注满水倒置水槽中；放入容器抽气汞柱降为3、2、1英寸，水柱为42、28、14英寸	进一步阐释上一实验	—
E15 屋内高程抽水	测量水能被气泵汲取的最大高度	室内抽水柱可至33英尺6英寸，气压计显示气压值29又2/8～29又3/8英寸汞柱	同气压水柱高为汞柱14倍，知水柱应为34英尺2英寸，误差为1/56	Vol. 3 plate 5 fig. 1；若“自然害怕真空”则水能提升任意高度
E16 弯曲弹性物体抽气	讨论大气压力是否影响弹性物体压缩变形之后的“回复”	一块鲸骨一端固定在直立板的孔中，另一端吊重荷使弯曲，重荷接近水平板便于观察高度变化，放入容器抽放气，重荷高度无明显变化	变化很小无法观察，只实验了鲸骨，且容器过小容不下过长的测试物，值得继续尝试	记在“关于弹性历史的笔记”中

续表2

实验简介	设计目的	操作过程	分析和推理	附注
E17 量度真空度的水银仪表或其他	设计真空表的尝试	鹅羽粗细6～10英寸管制虹吸管，长脚顶端封闭0.5英寸常压空气，余部和短脚大部注汞，外壁标注液面；抽气计算标度可度量；或注入定体积水恢复液面来测量	真空表的几种方式：瘪囊扩张展示；托里拆利装置；短脚带玻璃泡的虹吸管	—
E18 感知气压	感知气压，消除怀疑	铜管上孔较大，下孔与气泵连接，上口有些厚度且磨光，手掌靠近上口，抽气时被拉入管内	用简易方法的制造显著现象	—
E19 抽气托里拆利实验中汞柱高度下降	尝试制作气压计	下端半球形开口玻璃管制作气压计内汞柱高29英寸，容器1次抽气时下降9～10英寸，3次抽气后降到几乎齐平外部液面	托里拆利实验汞柱高度可标示气压大小	见“空气泵新实验”E17
E20 同等水压不同粗细的汞柱高度	显示托里拆利实验汞柱因为压力上升	2.5英尺高瓶中装约4指汞，吊入粗细双开口管浸入汞，两管液面齐平，加水入瓶，管中汞上升但液面仍齐平	两开口管中水银因水压而上升，在细管与粗管中水银上升高度无不同；水压相当于托里拆利实验中的空气压力	—
E21 气压计中纯汞和“锡汞齐”（即锡汞合金）的高度	验证假说：液体特征重量改变，等压下的液柱高度也改变	汞与金混合“特征重量”增加，与其他金属混合降低，缺少制金汞齐的高纯度金，用锡汞齐做托里拆利实验，液柱高于31英寸	金币含银、铜而不纯，难以掌握	参照“空气泵新实验”（1660）做的实验E18，希望找到汞柱变化的原因
E22 制作便携气压计	探究可远距离携带的气压计机制	J型装置同E17；托里拆利装置可标识气压，但汞易溅洒；此装置也有溅洒和脆弱之弊，可调节和避免	便携气压计可用于去东印度和非洲颠簸的海船	见Vol. 3 plate 5 fig. 2

续表2

实验简介	设计目的	操作过程	分析和推理	附注
E23 新气压计重试 Pascal 多姆山实验	确认气压计中汞柱在山顶比山脚低	带 E22 中气压计随行骑马上山，2～3 小时回程，发现登山时汞柱下降可达 1/4 英寸	Kepler 猜测大气高度仅为最低高度的一半，云常低于 1 英里，山低于 2 英里	附录，对山高度和大气厚度的讨论
E24 改进便携气压计	改进短脚，避免溅洒	倾斜 E22 中弯管使汞从短脚流入长脚，短脚拉细到 1/8～1/10，大气压有与之前相同效果	托里拆利实验中大气通过小孔足使汞上升应有高度，长脚顶端留微孔使大气通过	液压与液柱高度相关，与液柱宽度无关
E25 气压计细节更换	改进气压计	E22 中气压计短脚弯曲使之与长脚成锐角，大气压力倾斜作用于汞液面；或封闭短脚；对比长脚液柱高度不变	少量密封空气或倾斜气柱都可使托里拆利实验汞柱上升相同效果	Vol. 3 plate 5 fig. 3、4
E26 用气压计做无实用价值的实验	对自然害怕真空的又一次批驳	气压高的时日，2.5 英尺玻璃管一端封闭加汞后滴入几滴水倒转入汞槽，水和汞将玻璃管充满；中间一段水柱使液柱高于气压计中汞柱；玻璃管静置数天，气压计中汞柱升降，玻璃管中没有升降	通过实验展示，自然并不总是“同样程度”地害怕真空，因此可有更好解释现象的原因	操作有难度，文本难解读，水柱似乎介于汞柱中段或玻璃管低端
E27 极细管中液体升高	对已发表的 E35 中新奇现象的解释	制洋红色酒精，插入粗细不同的双开口细管，极细管中酒精上升高于其他；且抽气并放气各管高度无变化	无法详尽解释	“空气泵新实验”E35
E28 沙柱中的水	考察含紧致不溶固体颗粒的水充满管子，水在其中自动大幅上升	用玻璃粉、细沙或矿灰填塞双开口玻璃管，底部堵塞亚麻布浸入水 1～2 英寸，水润湿到 30 英寸的高度	鉴于 E27 细管中水会自动上升，因此即使在弯管中小管径也可以使水上升更大竖直高度	—

续表2

实验简介	设计目的	操作过程	分析和推理	附注
E29 盐层沿瓶壁自动上升	奇特现象的观察和解释	玻璃瓶中海盐浓溶液半满，水缓慢蒸发，凝结的盐附着瓶壁高于现液面也高于初始液面，持续长时间发现盐层上升数英寸，盐层甚至翻出瓶口	靠近瓶壁水溶液呈现凹面、细管水面等高，溶液通过盐粒与瓶壁的缝隙上升，高于盐粒后再析出盐粒，如此循环	硫酸盐和其他盐溶液也有如此现象；真空中也实验过
E30 测量大气柱重量	测量大气柱的重量，并用相当的普通物体的重量来表达	铜管径1英寸高3英寸封底装满汞，汞重17盎司1打兰45格令，乘10得30英寸汞柱重为14.2磅；铜管注水重为10打兰15格令，汞水比重13又18/41	由气柱和汞柱的平衡，直径1英寸大气柱重量为同直径30英寸汞柱重量	—
E31 抽空气泵中磁铁相吸	真空中的磁性吸引现象	容器中空悬磁石吸铁片，摇落落入小重荷的天平，铁片大小约6盎司时轻易摇落铁片，抽气后这一重量不变	反对磁现象是因为磁“流体”挤走空气，空气在磁性中起到作用	—
E32 闭口注射器的两个实验	容器抽空后里边封口注射器活塞易于拉动	注射器长6英寸直径11/8英寸，排空后密封吸口，放入容器抽气后活塞易于被牵动	反对空气重量的论者认为密封无气注射器难以被拉开的现象有利于他们的论点，可被很好说明	Vol. 3 plate 6 fig. 1
E33 气压使注射器牵动重荷	容器内放入砝码加坠的封口注射器，抽气	E32封口注射器加坠砝码后放入容器，抽出一些气体注射器被拉开，放气后回复，最大可拉起16磅，含1/4磅活塞重量	最多可拉起的重量等于与注射器直径相同的大气柱重量，约为16磅	Vol. 3 plate 6 fig. 2
E34 注射器内液体升高由气压驱动	显示液体上升是受气压驱使	梨形容器内小瓶盛汞，吊入玻璃注射器，吸口没入汞，活塞上加水密封，抽空后，拉活塞汞未吸入；缓慢放气，汞吸入	注射器外抽空后，拉动活塞水银不被吸入，直到放入空气后水银升入管中	Vol. 3 plate 7 fig. 2 此仪器为E39制作

续表2

实验简介	设计目的	操作过程	分析和推理	附注
E35 火罐抽气掉落	展示火罐粘附皮肤是由于外部气压	长1英寸直径0.5英寸玻璃管，略长于常见火罐，吸附手掌上，使玻璃管放入梨形容器，手掌覆盖其上口，抽气刚刚打开容器阀门火罐掉下	普满论：热使空气稀薄化，冷使之浓缩，但不能再填满原有空间，为避免真空皮肤填充；新解释：微粒稀少使弹性减弱	Vol. 3 plate 6 fig. 3
E36 不加热的火罐吊起重荷	展示火罐粘附的原因	E15、E16中铜管用湿润皮囊覆盖上口如鼓皮，放入容器抽气后，上方开口1品脱玻璃瓶口径9/5英寸倒扣皮囊上，放气将铜管吸住，若抽气很好，可再受35磅重荷	同E35	Vol. 3 plate 6 fig. 4
E37 封口鼓风囊抽气展开	批评逍遥学派对此现象的解释	圆形直径6英寸，无手柄鼓风囊、无阀门或阻气瓣膜，皮革足够宽大松软，气口伸出1英寸，拉开风囊外部空气将皮革压入内部；压瘪封口后放入抽气，里边少量空气抬升上板	逍遥学派“自然害怕真空”又一例证，鼓风囊封口后难以将两瓣掰开	Vol. 3 plate 6 fig. 6
E38 抽气时鼓风囊气口的流体	检测笛卡尔的以太	E37鼓风囊上下板加重物使其稳定，拉上板使皮囊最大限度伸展，出气口附近用羽毛标示气流，放入抽气后，让上板在重荷下落下，羽毛未被吹动	若其中充满以太，落下时风囊鼓出以太会吹动羽毛	Vol. 3 plate 6 fig. 7；笛卡尔的精细物质（以太）Materia Subtilis
E39 用注射器做E38的实验	抽空后气口无流体进出	注射器管口弯曲回向，安羽毛；手柄挂重物，竖直固定于重底座上，放入抽气少许，拉压活塞，管口气体吹动羽毛，抽空后羽毛不被吹动；	同E38	Vol. 3 plate 7 fig. 1；Vol. 3 plate 7 fig. 3；

续表2

实验简介	设计目的	操作过程	分析和推理	附注
E40 抽空容器中轻物下落	抽空气泵阻力减少，轻物下落有可感变化	容器内放入4片羽毛，粘接羽管成十字，用1/8英寸宽的纸条系于上盖，抽空后剪开纸条羽毛似重物落下	所用容器高22英寸	Vol. 3 plate 7 fig. 4；Wren见证
E41 抽空气泵中的声音传播	对已发表实验的进一步观察	重复发表过的闹钟抽气实验	Mersenne的声音研究	Vol. 3 plate 8 fig. 1
E42 抽空容器含气泡玻璃珠破裂	气泡的爆裂	玻璃成型时掉进水中会在其中产生很多细小气泡，如海绵；抽气后爆裂为数千片	同E9	Robert Moray提交给协会的装置
E43 抽空容器中产生光	火焰的产生	用刀砍切硬糖有火花，在抽空容器中放硬糖块，竖杆绑铁块与糖块剧烈摩擦产生火花	之前容器中火焰、红热煤块等实验表明无空气燃烧难以持久发光	类似E41装置
E44 抽气与烛焰的光晕变色	关于颜色的特异现象	倒葫芦状容器，内外壁尽量擦拭干净；对面放大蜡烛，抽气时瓶内有雾气，透过看烛焰有蓝绿光晕，再抽，光晕变红橙；抽空后内放松节油被红热铁块在外烤热，冒烟呈现鲜艳颜色	发表的实验提到多年前所见抽气容器中的白光异象，确定现象需进一步观察	“空气泵新实验”E37
E45 抽空容器中的铜块摩擦	摩擦后铜块变热甚至烫手	容器底置弹簧片中间安内凹铜块，带摇柄的长杆下端有外凸铜块，使两铜块紧密接触容器放入气压计，抽空，铜块相互摩擦变热	关于热的产生原因需进一步实验	Vol. 3 plate 4 fig. 3
E46 抽空容器中生石灰水解	产生热的又一个实验	容器中放置蒸发皿盛水，抽空；将一块生石灰吊入其中，刚开始无气泡，15分钟后反应剧烈气泡很多很大；放出热，移除容器15min后都能感觉到热	所用生石灰很好很纯，用石灰石生产，不是在伦敦常见的用白垩土生产的那种生石灰；那种可能就不会观察到现象	—

续表2

实验简介	设计目的	操作过程	分析和推理	附注
E47 密闭空气的压力测量	用与重物平衡来测定气体压力	注射筒封口，活塞上放重荷与空气压力平衡；抽空容器，注射筒内气体恢复原体积时，可知重荷重量即密闭空气的压力	用重荷替换密闭气体之上的大气压；拉开不同口径注射器需要不同重荷	Vol. 3 plate 8 fig. 2、4
E48 小气囊顶起重物	少量密闭空气在抽空容器中举起50～60磅	E47中直径4英寸注射筒中放小气囊标注高度，置于容器抽空，活塞下降之前举重可至75磅	原理已由E1、E2展示，汞柱换成重荷	Vol. 3 plate 8 fig. 3、4、5
E49 测量空气和水的密度比	空气和水的密度比	空气中称量玻璃气球重68.5格令，放入容器，抽空称量增重0.5格令；玻璃球破口盛水重807.5格令(水重739格令)；故气一水重量比为1：1228；另一玻壳重60格令，可装空气27/32格令，盛水720.25格令，故气水重量比为1：853又17/27	Galileo说水比空气重约400倍，Ricciolus猜想水比空气重10000倍；本实验似乎与Schottus书中的实验一样，但有差异；实验由我的对手记录	首次详细记录实验时间；称量方式同见“空气泵新实验”E17、36；当时学者认为气在气中无重量，波义耳的批评见“Hydrostatical Paradoxes”及其英语版附录
E50 真空紧贴大理石分离	用抽气而非小重量拖拽使两片大理石片分离	两个直径2.75英寸的大理石圆片加油贴合后吊入容器；开始抽气时石片仍粘合，第16次抽气时，一打开容器阀门，下方石片自动落下	开始抽气时容器内气压能支持大理石片使之不掉落，抽空后气压取出，石片掉落	Vol. 3 plate 4 fig. 4

附录二　“硝石复原”实验文本分析

表 1　“硝石复原实验”翻译及分析

文本叙述	分析解释
Ⅰ 匹诺菲奴（*Pyrophilus*）①，在商店中销售的那种硝石不是十分典型的固体；硝石成分在其雏形中或在一些伪装之下，存在于合成物体、动物、植物甚至矿物中的数量不多，但我们发现硝石不仅是最普遍的一种盐，也是许多月下世界（亚里士多德）固体具有相当含量的一种成分；可以合理地假定，它很值得我们严肃研究，因为关于它的知识非常有助于发现一些其他物体的性状，有助于提升自然哲学的不同分支科学研究	Salt-petre 和 Nitre 被波义耳混用，据后文焰色反应推测：实验中所用硝石是主要含 KNO3 的物质
Ⅱ 但现在没有更多闲暇容许我以业余爱好的方式精确探究硝石的一般性状；当前，我必须满足于找到一些如何能从硝石中分析出不同物质，又如何将它们再结合的方法。通过提供给你一些关于一个实验的思考，希望用叙述的方式，尽快开始我们应当以新建立的另外一门全新学科，这是我第一次尝试这样做	表明波义耳做这些实验的目的是改造炼金术建立新学科的目标，而不是单纯地发现新的实验种类
Ⅲ 取一些普通硝石（买自药剂商人），按通常的方式，经溶解、过滤、凝结，变成硝石晶体；将 4 盎司提纯的硝石晶体放入坩埚中（首先经过很好的退火防止碎裂，然后盖住它防止异物掉入，因为那将会点燃硝石）；将其熔融成清澈的液态，熔融时加入小块红热木炭，会马上点燃硝石，它沸腾并嘶嘶发光；闪光一会儿之后，再加入红热木炭，使其重新暴发，加第三、四块，继续这样的操作，直到熔融硝石不再着火和暴发；此后再加强热约一刻钟，强力驱逐其中可能存在的挥发性成分	鉴别硝石的实验：$3C + 4KNO_3 == 3CO_2\uparrow + 4NO\uparrow + 2K2O$（分解硝石）；黑火药反应：$2KNO_3 + S + 3C == K_2S + N_2\uparrow + 3CO_2\uparrow$
Ⅳ 取出坩埚，在红热时打碎它；我们尽量小心地在它吸入空气潮气之前取出剩下的固定硝石，将其分为两等分；一份加净水饱和溶化成饱和溶液然后加入硝石精。直到反应引起的沸腾刚停止为止，过滤后装在试管中，放在窗口处使其暴露在空气中；未被溶化的另一份滴上硝石精，直到冒泡和嘶嘶声消失，放入广口瓶，也在窗口处暴露于空气中	重制硝石：$K_2O+2HNO_3 == KNO_3+H_2O$ 固定硝石（Na_2O）

① 波义耳文中的虚拟对话人物，意为“热爱火焰的人”。

续表1

文本叙述	分析解释
Ⅴ 这个实验的现象是，用净水溶解的混合物，几小时之后，一些盐粒子开始粘结在玻璃管下部，从它们的形状（部分从它们奔向容器底部）来看是硝石。这些小结晶之间仍漂浮着其他种类的非常小的（比芥末籽还小很多）结晶体盐粒，结晶周围包围着绒毛状的物质，这种情形与晶体在玫瑰水和其他蒸馏水中开始破坏时一样。第二天取出结晶，生长得更多更大，从燃烧状况和形状看都的确是硝石。当代博学者都错误描述了硝石的形状，一些认为是圆柱形，另一些设想的形状几乎不可能是真的。我将展示未提纯和未分析的硝石的大结晶，其形状很好识别，是六棱柱。有很少量其他物质混入硝石，我们对它们留在硝石固定部分和挥发性中的精确比例尚不知晓	重制硝石的结晶形状
Ⅵ 剩下的液体装入广口瓶中，置于窗口处暴露在空钟，5、6天之后没有显著变化，到最后其中似乎有非常微细的硝石结晶条纹，40天之后变得越来越多，期间液体慢慢地被消耗，倒出液体，放在消解炉中，使蒸发得更快	得到硝石结晶的方法
Ⅶ 另一些混合物未用水溶解，大部分以盐的方式沉淀，其上漂浮少许液体，液体似乎能防止沉淀的盐粒子不凝结成一大块整体物质。取一部分浸润的盐，置于空气中干燥，形状很不规则，但似乎和硝石的形状差不多。洒在红热的炭上，其燃烧行为部分类似于其他盐，部分类似硝石燃烧的闪光和爆炸。剩下的盐同上述液体在空气中放置一月，液体未有任何可观察的变化。最后发现部分地凝结成小盐粒，其形状不规则。然后用少许水溶解所有混合物，过滤后在消解炉中蒸发，部分盐变为硝石结晶形状的精细小冰柱，其味道与第一次尝起来有些不同，在红热木炭上的燃烧现象不同于硝石。（蒸发后）溶液还剩一半，向其急速吹气使其中的盐结成形状，这种形状不能确定为硝石，或任何其他确定种类的盐	重制硝石的结晶； 用结晶形状和红热的炭检测硝石； 盐的燃烧测试
Ⅷ 燃烧的炭等到几乎熄灭时才投入（熔融的）硝石。此时通常，喷气的物质会马上将炭块喷出坩埚，这经常发生在实验的结尾阶段。这似乎是主要因为，“硝石的第一成分”是为主导性的，易燃和有气的粒子变得更粘稠，不容易被穿越；这种炭块投入坩埚，出现猛烈暴发，几乎把炭块弹出坩埚此时，我们被迫比预知的、硝石的爆燃性让我们所设想的，花费更多时间做进一步的实验	讨论III的实验过程（“硝石的第一部分”是什么？固定硝石？）
Ⅺ 称量滴在固定硝石上的必要的硝石精的重量，即直到在液体和固定硝石溶液之间所有泡腾停止时（消耗的重量），硝石精不能用量太多，以至硝石不爆炸（因为纯度太低），也不能少（以至于不不足以产生硝石）	重制硝石的定量操作 $KOH + HNO_3 = KNO_3 + H_2O$

续表1

文本叙述	分析解释
X 固定硝石与粗制“鞑靼盐”很相似，在空气中吸湿后变得温和。只是鞑靼盐是白的，由于掺杂其他物质，又连续变成一种天蓝色。固定硝石则是蓝和绿之间的一种深色，在兑入硝石精后颜色消失。某种煅烧过的硝石则可顽强地保持住颜色。我保留了一种固定硝石制作的偏蓝的绿色溶液，我不知道这种实验的成功几率：能将硝石成功地吸潮分解之后又再凝结，直到它不能再归于一种干盐，而是加热后就像蜡一样流动。我在此尝试的实验设计多少有点不适于继续进行下去。 附注：我们的朋友们或许不应该为硝石的重制等如此久，但能看到，实验已经做得尽可能的少，我们设计了这盐被分离的各部分结合起来的快速方法；只用上述固定硝石，使其潮解成液体，然后用纸帽过滤分离残渣，使其变得清澈透明。当我们想展示实验时，只需在这液体中滴些硝石精，在噪音和泡腾之后，如作者所说（很快消失）它们直接与溶液中的固定硝石以相当比例结合，进入具有硝石形状和性质的小冰柱中）；当我们继续加酸精，产生硝石，直到其中的固定盐几乎全部都被结合。把小冰柱干燥成块状，无论是尝起来还是用木炭实验来检验，如其显示的，就是真正的硝石。朋友们会好奇，并乐于注视在不到一分钟的时间中，小冰柱被溶解在净水中；为测试，我们可以把它凝固为更大的恢复原貌的晶体。尽管这是重制硝石最完美的既有方法，但常需很长时间将固定硝石潮解为液体，尤其是在干燥天气，所以有时我们采取一下替代方式：在（定量）净水中尽量溶解固定硝石，然后用纸帽过滤，加入充足的硝石精，上述操作完成后让其缓慢蒸发和冷却，几小时后，大量的硝石小晶体生长在液体中，剩下部分蒸发后晶体更多。尽管蒸发和结晶花费了几小时，好像硝石产生于两种液体的冲突停止之后，蒸发前的混合物尝起来很像普通硝石溶液，滴几滴在玻璃的一侧，去除泡沫，一会儿就结成硝石的盐粒	鞑靼盐（K_2CO_3，salt of tartar）可指多种物质，实验意义不明确， 区分硝石与鞑靼盐；完成重制的探索； 部分可能与波义耳对流动性的研究相关

续表1

文本叙述	分析解释
Ⅺ四诺菲奴，你也可以设想，固体的挥发性部分和固定部分的重新结合而产生的那种硝石，可能只是硝石相互联结的粒子，潜藏于固定硝石中躲过了火的强力分解，而在加水时又被释放并重新组合，于是展示了它们的真实形状。 但放开这些顾虑，不需你假设硝石的重制实验很正确并且很成功，让你看接下来的论述。用硝石做其他不同的化学实验，有时发现在制作固定硝石时，一些未被觉察的粒子有可能从我们勤奋的操作过程中逃逸了；因为这些粒子太少，以至于在盐的浸出液中加入酸精，不能汇聚成硝石那样的晶体。为细究这一问题，按前面的操作，用一种从商店中买来的普通锅灰（再傻的恶棍也不会用更珍贵的硝石去掺假锅灰）制成溶液，滤掉其大量的残渣，剩下的液体经2～3天蒸发后（有时更快）发现大量的硝石形状的盐结晶，刚尝起来有腐蚀性，（也许因为硝石精与锅灰的比例未被准确测量），能尝出硝石的味道。一部分放到火热的炭上，通过蓝色而有蒸汽的火焰表明那种盐的性状。可以说用锱水和鞑靼盐做这个实验也产生了硝石，但数量较少而耗时更长。我只提到这两个附加的实验，因为许多接下来反应都要由它们来检测。哪怕对硝石进行的主要实验不同的细节上应被设想为有错误存在的可能（但我们经努力也没能发现）	锅灰提取液加硝石精制取硝石结晶，味道咸中带苦和焰色（蓝色）
Ⅻ 这次实验中的反应比我自己的技术和闲暇所允许研究的要多得多，因此我必须满足于只为你提供现在最易想到的少数简洁反应。首先，这次实验似乎提供给我们一个示例，由此我们可以看到运动、形状和各部分的排列（disposition），以及类似的物质的第一性或机械性的属性（affections）能满足于以产生那些更多的，被称之为感觉性质的第二性的物体属性	提出假说，XI 中反应后产物性质变化（味道、焰色）是由机械属性的改变而产生的
ⅩⅢ 从可感（tangible）的性质开始，如冷热；一般认为，实验中的硝石是“冷的物体”，若不是世界上是最冷的那个；相应的，医生或化学家不会用它治疗热症，与内部血液和体液的过热联合：渊博的自然学者维鲁兰伯爵（培根）对硝石做了高度评价，他自己多年服用硝石来集中精神。但不管它在身体内部如何运作，在外部时它确实很冷，然而这种很冷物体的部分（它的精与碱，后者化学家用来表示经燃烧产生的任何固定盐）放到一起，相互间便发生直接的剧烈反应；在我们的实验中也产生了某种热，致使瓶子烫得拿不住，而混合的两者还都不到1盎司，而且是慢慢滴入；热好像就是物体粒子（particle）多样而迅速地运动。在我的实验中，只要那种混乱的扰动持续，热就持续，并且随着它增长和减退，最终，当运动停止时，热也便消失了	硝石的冷热“性质”及反应中的冷热；热源于扰动

续表1

文本叙述	分析解释
ⅩⅣ 上述两种液体混合时，产生了较大声响，这种声音不像把热炭放入水中的那种嘶嘶声。这种声响伴随着液体的沸腾和发泡，泡沫累积直到漫出容器，响声发生于液体粒子快速而不规则的运动对周围空气快速的冲击。那种更大的声音产生于硝石在热炭之上发出有蒸汽的火焰的猛烈爆炸。有趣的是，声音产生时，空气搅动的速度，某种意义上可由子弹的运动来显示，细枝条和棍子缓慢通过空气则不产生声音；而若一人快速地抽打空气，另一人发射枪弹，抽打空气的速度使空气做起伏的运动，产生听得见的噪声，即使离它很远也能听到。如我们有机会在其他地方断言，物体快速通过使空气中产生迅速的振动。在我们的实验里可观察的声音中，附近的空气受到液体粒子的击打，好像可能因为液体各部分突然而激烈的混乱。这样，噪音升高和消失与液体的沸腾程度成比例。当漂浮其中的盐粒子被它们的冲突试炼而安静后，噪声和沸腾就一起停息。听到那种噪音消失远早于热的消退。我们看到琥珀和硬质蜡球由摩擦而产生热；以及在很多液体中，可在其沸腾制造的噪音发出之后会产生很多的热	反应中声音的来源，及其与热的关系
ⅩⅤ 我们已提到固定硝石（fixed petre）有某种蓝绿色，再加入酸精之后突然消失；光经由（物体）各部分的排列反射入眼睛，它便被如此修正而产生了那种颜色，而现在那种颜色被改变了。相似的改变有时能可在由固定硝石（fixed nitre）的产生中被观察到，只需将其置于潮湿的空气中。我必须说明，在一些类型的实验中观察到大量烟雾从混合物中升起，使玻璃管空余部分显示泛红的颜色；同样奇异的是，我们后来在尾液中观察到，尽管尾液本身是黑色的，并且产生黑色的蒸汽，但在强火蒸发下我们看到白色烟雾充满了容器，就像装满了牛奶。我们有时也新奇地看到多种颜色的变化，可经由尿壶中逐步升华铵盐和黑锑等量混合物得到。不能离我们目前进行的实验太远了，容我告诉你，一会儿尝试制作鞑靼盐，我将硝石的成分溶解在很少的净水中；通过加入镏水，使两种液体结合并产生深绿色，这种颜色不但在混合物中扩散，而且像是某种特定粒子的属性。用纸帽过滤过上述液体，在过滤器中留下鲜艳的深色粉末。但数量太少以至于不能做任何实验来研究它们的性状。但这一境况没有被忽略，接下来将用到一种特别制作的（将在其他地方将教给你们）高纯度鞑靼盐，没有任何添加，就凝结成形状很好的晶体，好像白色的糖块。我必须说明，镏水与纯鞑靼盐产生与之前相同的颜色，只是浅一些。在这个题目上需进一步注意，尽管硝石本身没有任何与红色相似的关系，但它在蒸馏中确实产生了血红色的雾气（被一些化学家戏称为“火蜥蜴的血”）。红雾重新进入液体后却无任何红色。部分之前显得不透明的固定硝石吸入硝石精之后，通过一种新的排列重新变得原先那样就象水晶似的半透明	解释颜色的产生和来源。红色的气体是 NO_2； sal amoniac 是氯化铵； 黑锑是硫化锑、 此处鞑靼盐（salt of tartar）是碳酸钾

续表1

文本叙述	分析解释
XVI这两种液体的混合物有来自硝石精非常强烈的刺激性气味，有时一些化学家称这种溶媒（menstruum）（其中硝石精的气味占主导）为“Stygian Water”（冥界之水）。硝石精有很强难闻的气味，且泼到固定硝石之上会变得更加强烈。由于它自身的冲突，物质被激烈地扰动，相比之前，会释放大量难闻的蒸汽，发出可见和可嗅到的烟雾。而固定硝石的气味很淡，当其溶于热水时，它与其他碱性盐一样没有什么臭味。可是，从硝石中出现这些不同气味的物体，从这些物体的结合中又再出现不同气味，而硝石（本身）根据我的记忆没有观察到任何气味	气味的产生和来源
XVII 两种物体的味道与它们的其他性质一样，也有不同：酸精味道特别酸，也许可称为强的和酸的矿物醋（Acetum Minerale），而固定硝石有强烈的鞑靼盐气味，如同酸精或醋蒸馏的味道那么刺激：这两种物体的味道如此刺激又如此不同，都来自和被结合在硝石当中，而硝石尝起来既不热也根本没有腐蚀性，而只是凉凉的，混合某种淡淡的苦味。我们必不会隐瞒你什么，在我们的实验中，经过重制的硝石第一次尝起来味道比普通硝石更辛辣和刺激；那种辛辣可能并非不能假定来自酸精里面的酸性粒子。那些酸精可能未被适当地并入完美的硝石的部分，而是松散地附着于它，后来就在舌头上被尝出来。然而无论如何，这新盐的味道与以及酸和碱盐（alkalization salts）味道差别很大，而且与制作它的粗硝石味道也有不同，这些使本处的思考有些合理性	关于味道的思考
VⅧ 关于我们实验提供的其他观察，匹诺菲奴，我们必须满足于提及少数；我们太忙碌，这不允许我们解决他们全部或在其上停留很久	从关于“性质”讨论转向实验的讨论
XIX 那么第二，提到的实验似乎多少可以提出问题，比如，是否易燃性在所有的混合物中严格地需要一个独立的含硫的组分；是否在一些固体中，并不得自于各部分的机制，好像固体粒子被燃烧的或是生热的偶然因素而带动，或是，其他物体同样数量的微粒，有某种速度好像能够推动它们进入我们称为火焰的物质结构中。在这一报告中，多强的热能够被产生，能在某种方式上由实验展现，其中我们当前的主题——硝石是主要反应物。若在瓶子中装满硝石精，投入一片铁，在产生可触摸到的热之前，你会观察到液体的部分平静的一致的运动。液体与铁里面的孔（pores）和粒子（particles）相会，铁能很大程度上改变液体各部分的运动（也许同时改变一并产生很精细的物质的运动），这些能动的部分现在开始穿透、加热，铁的粒子以相当的速度四散开来，并且极为充分和密集。它们自己也进入非常快速而不规则的运动（不论运动何时开始），并以此产生烫手的热（如果液体和金属的量足够多），如果开口不大，也许会打碎瓶子：而在同样的硝石精中放入一小块指甲花，它的粒子不愿引起硝石精当中的类似纷乱和扰动；我们观察由白树胶引起的（硝石精的）扰动，并且它自己变成发黄的油状流体	不同物质引起的硝石精的扰动和热

续表1

文本叙述	分析解释
XX 不需再犹豫，我们的实验提示，硝石（不仅是易燃的，而且燃烧得异常凶猛爆烈）可以通过两种物体的结合来产生，它们都不易燃；一个是固定盐，失去火能夺取它的全部东西之后变成这样，另一个是一种富含酸性粒子的精，这种盐的类型（固定盐）据观察更易扑灭而不是引起火焰	为何两种不易燃的东西结合成易燃的产物
XXI 因为我们会在其他地方借神的帮助测试更多特殊的可燃性物体，现在我们只就硝石的燃烧说几句，硝石的情况在我们观察之中；即是说在燃烧炭块上投硝石，或在熔融的硝石上投炭块，硝石都会马上着火，并闪现蓝色的有蒸汽的火焰；而如果同样的硝石放在坩埚中，尽管坩埚有不同程度的红热，而且它凹陷的上表面直接与硝石的粒子在无数的地方接触，然而这奇怪的盐将熔融而没有点燃。这现象的理由我们不必现在（但也许会在其他地方）花时间仔细讨论。	为何硝石加入熔融硝石会熔融而不被点燃
XXII 匹诺菲奴，这也值得考察，反应从哪里进行，当硝石的物体交付蒸馏时，常是很干燥的而且由一种通常解释为有干的性质的含盐成分组成，而硝石精被火焰强迫进入容器的现象不似在相近热量和容器中蒸馏铵盐和其他物体以升华物的样式附着于容器，而是分成一种液体，一种我们从未见过和听说过的事物，它不会全部或部分地像我们曾见过或听说过的尿精和其他挥发性液体那样因冷而凝结；如我们观察到，尽管很稀少，甚至在腐蚀性液体中，那种东西一贯被称为锑油（butter of antimony）。类似可考察适用于廉价的盐由蒸馏得到的精、煅烧过的酸精和另外多种物质的液体性，将它们蒸馏时，好像没有发现什么湿气	butter of antimony 锑油（$SbCl_3$） “贬值的盐”源于腓尼基人更新制海盐技术反而使盐贬值，使自己受损。
XXIII 这并非我们实验中的确切现象，这里我们（尽管在其他地方我们会）将不考察它，匹诺菲奴，而只是让你观察，留在开口容器中好的硝石精常常冒烟，在可见的蒸发中消耗自身，尤其若被少许热的激发，使不仅可以闻到而且可以看见；这种逃逸性的精当一旦整合进固定盐当中，尽管在大火旁放置很久也不会释放这种蒸汽：这一例子某种程度上可以帮助我们得出，固体中最具逃逸性的部分尽管有它们自己的流动性，仍通过与更不活泼的部分结合或混合而被扣留于物体中，其中那些更轻更主动的组分被牵制住，其挥发也受到了限制	挥发性物质被充分被挥发或滞留于物体中

续表1

文本叙述	分析解释
XXⅣ 我们实验中其他值得考虑的事情是，在向碱性溶液滴入酸精时，在实验进行当中，若将开口容器放置于光线和眼之间，会清楚地看到液体的盐的粒子相互推动（或被一些不可见的活泼物质推动）升高几个手指的宽度而进入空气中，由此大多数落回容器中，如密集的小雨点淋下。这值得研究，混合液体各部分这种发泡从何处产生；盐微粒是否可以被构想为以不同的方式快速运动，在路线上相互阻挡，在其触碰时粗暴地冲撞，一些盐微粒被迫反弹或向上飞出（几乎就像在台球桌上相互触碰的象牙球）。让我提醒你，这一研究很有帮助，粒子被扔进空气，观察到它们似乎很多是盐的粒子；上述雨点一旦落下后，撇开那些重新落入液体中的漂浮的液滴不说，能看到加入硝石精的玻璃器壁点附上盐粒	逃逸的粒子形成盐粒
XXⅤ 让我进一步观察，好像硝石精的粒子中有轻快的扰动，加入镪水到鞑靼盐的净水溶液中（它的能动的粒子比硝石精的粒子更小）后，其中不同大小的盐块仍没有溶解，我们观察到酸精与盐的粒子迅速结合，它们的冲突产生不可计数的小气泡，并从一些小块中集群式急速上升，产生很多的小盐块。为使其显得更有可能性，在液体各部分中也许存在交叉的运动，我们观察两种相反的盐因它们的相互冲突而互相搅动（或者说经过触碰而相互固定），加入更多硝石精后，这里不再有冒泡沸腾或小液滴的上下跳跃，除非又被加入更多的碱性液体	硝石精和碱性液体的冲突和扰动
XXⅥ 离开这里继续思考，注意那些存在于物体能动的各部分之间的差异也许并非无用，这些部分有不同的性状，当它们被包裹起来或楔入其他固体织构中，同样的粒子（当其从同样的妨碍中解脱时）被自由释放又聚集在一起，而迅速运动则显示了它们本身之前被阻碍的能动性，或获得了一种由精细的物质流（fine interfluent）扰动的轻快结构。因为尽管在硝石的物体整体中，它包含的各组分，或由火驱散而成的不同物质，都相互牵连、相互阻止（逃散）。同时固体却表现的无有生气；或当各个部分错位紊乱，这蒸汽和碱性的粒子就被赋予能力或被造成从固体上解离，与它们自身的性状相联系，我们可以看到酸精和固定溶液被赋予多大的能动性	硝石中被限制的能动性，以及酸精和固定盐的溶液的能动性
XXⅦ 我们还可以进一步观察，它不仅是一种快捷运动，和盐溶液粒子的活动，使它们表现出自己的特殊效应：为产生这些效应，这些似乎是必要的，包括它们自己运动的变形（modification），对应于所溶解物体中孔洞（pore）的微粒的一个确定形状；如硝石精腐蚀银，但不能腐蚀金；银的粒子能与铵盐的粒子相结合。银溶解于硝石精而获得新的形状，也许还获得不同的运动，使其更易于溶解；而固定硝石的溶液，因同样的理由，可溶解含硫和油状物体这些酸精不能腐蚀的东西，不但如此，我曾仔细观察到一些液体无法溶解物体，除非它们粒子的运动或能动性经由与净水或诸如此类不主动的媒介（vehicles）混合而被结合或修正	溶解原理的机械说明

续表1

文本叙述	分析解释
ⅩⅩⅧ 我们在实验中会注意到另外一些特别的现象，这些往往被那些粗俗的炼金术士所忽视。他们不加区别又充分自信地假设归属于每个异质成分，或（按他们的语言）用火分析固体得到的“要素”。这涉及多种药品的化学制备，是个结果非常坏的错误；这曾在其他地方专门讨论过，此处我们将满足于用挑选的实验提供给我们的例子来断言它的错误：因为由此我们观察到，当硝石被蒸馏后，被火分解成挥发性的液体和固定的盐，两者的属性极度不同，也不同于未被分解之前的硝石固体。硝石精是（我们经常观察到的）一种矿物醋（acetum minerale），有酸精之类物质一般拥有的性质；而固定硝石有一种碱性，一般属于草木灰浸出的盐的那些性质；硝石本身是盐的特殊种类，由其特别的属性区别于具有显著酸性的盐，如明矾（allum）、硫油（virtiol）和草木灰中得到的不纯的碳酸钾（sal－gemmae）等，也区别于特别碱性的盐，如鞑靼盐和锅灰中的盐。相应地，我们很容易观察到这三类物体反应现象的巨大不同。一些矿物，如果不是所有的矿物，能被镪水腐蚀溶解，却被固定硝石的溶液沉淀。多种矿物，如果不是所有含硫和油状物体，可被固定硝石的溶液溶解，而硝石精则使其析出。我们曾用酸精将其他液体的析出物质溶解为净化的溶液：然后，向黄铁矿（Brasil）浸出的鲜红色酊剂加入硝石精，摇晃液体后，红色瞬间变为某种黄色，如果再加入一点固定硝石的溶液，液体会重新逐渐变为红色，只是有时较淡，而有时更深。而硝石本身的溶液加到红的或黄的酊剂中，我们没有觉察到可感的变化。硝石中酸的成分都是挥发性的，碱性部分则是固定的。其他时候已讨论过这个话题，现在讲述接下来的实验	硝石本身为中性，但会分解成酸性的硝石精和碱性的固定的盐，用它们测试黄铁矿酊剂
ⅩⅩⅨ 接下来我们将转向实验呈现的其他观察，这使我们有机会研究空气是否在硝石的人工制作中贡献了什么东西，或至少是对硝石的那种完美形状有所贡献：如前面的观察，暴露于空气的溶液中的盐粒可以自由地将自己发射到更精致和更大的结晶条纹中，较之前，我们又观察到在鞑靼盐的浓溶液中加镪水，直到不再冒泡，尽管这混合物由某种很快能得到一种盐，很像硝石，它仍不能进入具有精致和引人注目形状的硝石晶体中，直到它充分暴露于空气中：被地球上物体混杂蒸汽（或是被来自一些物体的种子性流射（seminal effluvia）所饱和的空气本身，是否对实验中硝石的产生或形状有什么实际贡献，我不敢确定，是因两条理由	提出问题：空气是否在硝石的人工制作中贡献什么东西，或至少是有作用于硝石它那属于那种盐的完美的形状？
ⅩⅩⅩ 相关第一个理由是，因为晶体形状的形成似乎并非不能找到确切的原因，与其说是空气的某种作用，不如说是空气给盐粒子提供了某种便利，使其悄无声息而适宜的进入晶体的媒介，以使这些盐粒子适合（或被试剂的聚集和环境顺应）那种对它们而言最自然的形状。我们已观察到，那些加入酸精之前不会溶解于水的固定硝石，不会进入硝石的惯常形状中，但仍剩下一种硝石似的粉末，盐当中酸的和碱的粒子没有方便的途径进入晶体；缺乏必要的空间（room）造成了不合适和过快的凝结，它们自己的重量使其沉淀在偶然凝聚的形状上，而因此可能不同于充分的途径和时间允许的情况下盐微粒倾向排列成的那种形状	空气对硝石晶体成形没有作用

续表1

文本叙述	分析解释
XXXI 我们迟疑于在实验中使用空气的另一个理由是，我由于疏忽而忘了测试，暴露于空气中时，开口瓶中进入晶体的液体部分若被静置于在精密封闭的容器中，是否不会有类似结晶行为（注：关于空气在硝石的重制和成形中是否有很大的作用，作者做过一些特殊实验来检验；但是在容器中以一种几句话不易说清的方式进行的，将留待其他讨论中进一步提及）。但无论空气是否参与这个实验，请你相信：空气中富含来自地面的不同蒸汽物体（这里不检测它是否接收一些来自天的物体），调查它的用处（我不是说它对呼吸、航海和空气泵等的用处）能很好地满足你的好奇心。为了促进这种调查，尽管我还不能在这一专门领域假装很有经验，但现在我也只敢告诉你，我已知道（空气）在一些固体盐中引起了一些变化（似乎是化学的），主要是通过开放空气中的挥发作用，赫尔蒙特和一两个实验能手在那个学科中提示的，或已对它们自身的那种性状做过一些实验，如此之类被留心考虑的很少东西是可以轻易想到的	空气对结晶有无影响；
XXXII 在进一步的精确试验中，硝石的整体似乎被分解为不同的部分，通过蒸馏作用，它们又能充分地重新结合为与之前等重的硝石；这一实验提供给我们一个卓越和单独的例子（因为我们之前从未遇到），使通常所谓固体的形成，给予它存在和名称成为可能。从此它的所有性质，曾在粗俗哲学中通过我不知道的某种费解的（inexplicable）方式被假定给出，这些性质或许在一些物体中只是构成它的物质（matter）的一种变形（modification）；物体的各部分由相互关联的排列构成物体的确定种类，从而具有种种性质。而如果相同的部分具有另外的排列，它们将组成与之前物体性状不同的其他物体，而且这些性状可以通过它（新物体）的消散和结构破坏之后，通过相同粒子组分按照原物体的排列重新结合再次得到或被产生	部分别的排列产生新物体，新的物体消解后，重塑粒子的原有排列又可恢复原有物体
XXXIII 被分解后的物体的复原（redintegration）（或重新产生），若能实际准确地完成，将给哲学中很多特殊的困惑带来启发，且必定会非常受原子论假说的持有者和一般的当代自然学者欢迎，他们渴望能对自然现象做出如此至少是可理解的解释：尽管我们也许不能在所有事物中，但至少尽他们所能，使自己习惯于谈论和思考那些自然中真实运行的可感事物；而不熟悉已严格审查的解释事物的概念和解释则是不可原谅的。为此，我计划尝试硫酸盐、松节油和其他一些固体的重制，它们似乎有可能是可完成的：也许你由此会联想到我们的硝石实验，已完成和提交的重制，尽管不是精确而充分，也离真实的过程不远	硫酸盐和松节油的重制可以仿照硝石重制来尝试

续表1

文本叙述	分析解释
ⅩⅩⅩⅣ 我想有必要告诉你，硝石是一种物体，匹诺菲奴，它的各个部分不是有机的（organical），甚至也不是非常复合的（compounded）；因此，含有更多组分的物体，以及组分粒子的机制（contrivance）有更精妙设计和复杂排列的有机结构的物体，不能象研究如硝石那样结构（contexture）如此单一的物体，那样做出可靠的判断：在我看来，尽管不是有机物体，甚至也不是很复合的惰性固体，如酒，通过最温和的蒸馏，当它冷凝液体滴落时，也不会重新结合而恢复原有性状；因为“自然”排列各部分的工艺十分精细，通过使被分开的各部分勉强地和非精妙地相互并列的手段不可模仿或不可修复：包括那些在温火中分解固体的活动，尽管未被察觉，却有东西消失，一些主动的和逃逸的粒子，它们是这种确定形式（form）的固体所必须包含的；如我们见到酒退变为醋，这一过程变化好像从一些微妙的含硫的精的挥发或（如果我能这样说）衰变开始，这精的孔洞或结构破坏不会被观察到在液体中任何可感的减少，剩下各部分进入新的联结（league）和排列中，而形成酸性的溶液有某种固定性和腐蚀性，最后它与酒的性质非常不同，产生酸味：如我们在关于发酵的实验中更充分申明的那样	或许可以探索更加精巧的排列的物体重制的可能性
ⅩⅩⅩⅤ如我们之前所说，肯定存在有机部分组成生物体所必须的粒子非常精妙的设计，这种设计几乎不能被人工技艺模仿，以至于能与自然造物完全等同。由此我不会惊疑，凤凰会从自己灰烬中复活的故事，尽管在最好的自然学者看来这只是虚构。如果那种关系，被好奇的 *Kircherus* 提到，作为一种重制（如果我能这样说）的目击证据，在西西里的 peloro 海角的湖泊旁，贝类动物躯体断裂的各部分浇上来自泉眼的盐水而被恢复为一个整体，这更不可能是严格而真实的，如此的变化仅仅只是被恢复物体的相联系的各部分的重制；（根据我们在其他地方教导的，注：在一些关自己出现的生物之起源的文章中）它们应是由一些潜藏于被毁物体一些部分中不可观察的生机粒子所产生的新产品。而后，有温和而呵护的热的激励和帮助之下，如此作用在合适的极易受影响的物质上，其中它按照自己性状所需的物质排列的组织和方式被保护。因为在一些物体中，好像生命摧毁后生机粒子可以生存一会儿，如我们在其他地方明白承认的，这两者并非没有例子。而在 *Kircher* 的故事中也有被观察到，重新恢复的动物也仅限于贝类；在它们滑滑的黏性物质中，属于精的和多产的那些部分可能更加疏散但不易轻易割裂开；对此我不知道是否值得补充，这些鱼的机械性机制不过是很简单的那种，且如其所是，相较于更完美动物异常精巧的那些部分，这些结构都是无足轻重和平淡无奇的	讨论生物等十分精巧物体的重制可能性及其原因

续表1

文本叙述	分析解释
XXXVI *Pyrophilus*，现在关注最后一个可观察实验，是这样，一些化学药品可能会很快被医生拒绝，因为在制备药品过程中用到的硫精或油，王水，或其他腐蚀性液体：由于这被许多医生自信地确认，但只是被一些化学家含混地否认，这些制药过程中用到的腐蚀性溶剂（menstruum）决不能从药品中完全洗去，一些盐会附着于药品，服用后，会在身体中恶性地展示它们的腐蚀性状。这非但不能否认，而且许多鲁莽无知的化学家笨拙运用（因此更加危险）这些腐蚀剂，有时没有任何实际需要，有时未将药品通过被制备的方式的帮助而充分排出腐蚀性的盐。排出腐蚀性物质并不总是用频繁的淋水，那怕是淋热水，那种可将很多种盐从固体中充分带出（的方式）；由此那些伟大的工艺家 *Helmont* 和 *Paracelsus* 处方中包含用蛋清使之缓和的一些药品（蛋清尽管好像无甚生气，被发现可很大程度的缓和腐蚀性的盐），以及通过酒精的多次蒸发使之缓和的另一些药品，酒精实际上已经被观察到能携带附着在一些化学药品上的醋精的盐的粒子。但尽管所有这些，*Pyrophilus*，还有一些显著改变（alter）酸性盐性状的物体（也许比平常注意到的更多）被用来制备药品，通过在腐蚀活动进行的当时，引起（occasioning）那些盐退化（degenerate）成另外的性状，或者它们自己的盐与溶剂中的一种盐结合形成两者的凝结，就出现第三种在性质上与前两者完全不同的物体。如在我们实验中发现的，硝石精比蒸馏得最浓的醋精还具刺激性和腐蚀性，而固定硝石的苛性（caustic）如同鞑靼盐，我假设，能很好的用作一种有潜力的灼烧剂（catery）（如外科医生所说），通过这两者的相互作用，它们结合成硝石这种远不同于任何具有突出腐蚀（fretting）性质的东西，较之它的两个组分，硝石大剂量内服是很安全的	却会药品制备残留的腐蚀性粒子。药剂师及其使之缓和的方法
XXXVII 腐蚀性的盐腐蚀一些物体之后能得到多大程度的缓和，通过倒一些蒸馏的醋精或适量的硫精到相当比例的珊瑚、或螃蟹眼睛、或珍珠（或我假设，几乎所有贝壳物体）上，可以很方便地测试。对我来说，尽管羞于在制药中运用腐蚀性液体；最近我还是制备了用镪水本身或硝石精制作的精炼的银的一种制剂，不仅很清白，而且很成功，一些有经验的医生他们被体液（humours）产生过多而困扰时，都向我索要来自己服用	腐蚀性的缓和

续表1

文本叙述	分析解释
ⅩⅩⅩⅧ 因此在每一次需要或好似必须使用腐蚀性液体的制备中，都值得考虑被制作的特别物体的截然不同的性状，或者参照经验，是否酸性溶剂确实在反应结束后能够阻拦与它的腐蚀性的任何固体粒子相连接（communicate）；或者是否盐不会在腐蚀过程中消耗或磨损，假如它们被包裹起来的话，将变得不能受更进一步的腐蚀；或是否溶剂不会在被腐蚀的物体中，遇到一些可与它组成一种新的不具有腐蚀性物质的盐粒子，如同当醋精通过腐蚀煅烧过的铅，与其转化成一种盐，不是一种酸，而有一种糖的味道，就是炼金家则做“土星糖”（sugar of Saturn）的那种东西。前几个例子中的药物可能很危险，除非它经过溶解和腐蚀，排出所有腐蚀性盐的剩余物，得到必要的缓和。但在最后两个例子中，尽管用到了溶剂的腐蚀性，药物也是充分的安全和清白的。因为不管被处理药物的组分多么具有刺激性和腐蚀性，只要由它们生成的药品本身没那种性质（刺激性和腐蚀性）。然而这却受到反对，在这些不同的药剂中，腐蚀性的盐并没有被真正摧毁，而只是被伪装起来，因为通过蒸馏被分离出的液体可能依旧具有之前用到的那种腐蚀性；也许很容易回答，包括几种药品，事实上不会是不同而多样的，这种反对意见建立在非常似是而非的理由而不是坚实基础上：因为它使我们确信很少东西，我们从药品中拿出来或加进去，火的强力不能分离出腐蚀性的盐；只要我们正确地信服，人体的热量和汁液也不能造成那种粒子的分离。因此，尽管它已被确信，硫酸化的鞑靼盐（tartarum vitriolatum）置于强火上，很多硫油（oil of vitriol）（那种对于生物物质具有很强腐蚀性的液体）中的一部分将同时被产生；然而我们最好最谨慎的医生，不仅是化学家而且是methodists（方法医学派的医生）在一些瘟热症状中仍谨慎地不给予内服。以开始的实验来结束这一讨论，我们清楚地看到，硝石内服是常见且无害的，尽管这个盐的基本组分可使镪水具有如此的腐蚀性，且通过蒸馏可从镪水中析出	为什么由腐蚀性物体生产的药品却是安全的

续表1

文本叙述	分析解释
ⅩⅩⅩⅨ 它对我不会非常容易，*Pyrophilus* 加上过去讨论的不同细目实验和思考都倾向于支持或阐明它们做出的那些思考：但一方面我需要抽时间详述；包括所有这些，（告诉你真理）我很渴望使你接受做这一实验的必要性，它们是比我们有机会所做实验更进一步地研究。我倾向于认为它将证明一个大问题，我充分的感觉到我还没能深入调查它的根底；由于我的的确无知，这篇文章中使我不再延长你的麻烦，免得由于支持我猜想的那些严肃努力，在我匆忙的书写中可能显得很武断，其中包含我的更多设计以唤醒和吸引你的好奇心，而不是仅仅让你熟知我的意见。我想提到，过去那些思考不是什么错误，部分因为这一实例完全可以与理智哲学的不止一个概念保持一致。这种理智哲学到目前为止没有利用到太多的既有实验贮备，发现的新实验则更少；部分地因为我让你注意，在单个实验中有时能非常合理的考察不止一个观察。也许我愿意用一整篇文章描述一个实验而不让自己经常跑题，邀请你和我一起思考，实验应该通过它们的价值被评价，而不是它们的数量；单个实验，我不是说最后一篇文章中处理的实验，而是一般的，也许如同许多不太值得考虑的实验一样十分值得一整本专著去研究。一颗大而优质的珍珠，适于装饰君主的王冠，而非常多无价值的小珍珠（尽管是真的），却能在金器店和药店论盎司购买	评价实验的意义和作用
ⅩL *Pyrophilus*，新近遇到一些小文章刚刚被 *Glauberrus* 出版，现在没有闲暇去思考，或甚至去阅读或浏览，更少有机会去试验多种细节，当翻开书页我发现他提示了有关硝石的细节，我必须建议你小心检查他给出的那些细节；去试验这些细节何种程度可被确认或校正，以及其他的东西何种程度能被过去关于硝石的实验所讨论过的东西所纠正；我还能为你展示硝石实验的一些成果，它们是由把硝石的可分解性解释为固定的和挥发性的部分而得出的，这远远早于格劳伯著作的出版	

文献来源：Robert Boyle. “5. A Physico-chymical Essay，containing an Experiment，with Some Considerations Touching the differing Parts and Redintegration of Salt-Petre”，Certain Physiological Essays，Thomas Birch. The Works of Honourable Robert Boyle [G]. London：J. & F. Rivington，1772. Georg Olms Hildesheimeim reprinted in Germany，Volum. 1 1965（1）：359−376.

参考文献

一、波义耳原著

Thomas Birch 编著的《波义耳著作集》（6 卷）（The Works of Ho nourable Robert Boyle，2nd edition，London：J. & F. Rivington，1772）是研究波义耳的重要史料。波义耳研究专家 Michael Hunter 2000 年推出 14 卷波义耳著作集。由于后者不易获取，本书研究仍主要采用 Birch 版本的资料：德国 GEORG OLMS HILDESHEIM 出版社 1965 年重印的 1772 版。其中析出文献、文献简名及其原书页码列举如下：

（一）机械微粒哲学

[1]“形式与性质的起源”（Forms and Qualities，1666），volume 3：14－66.
[2]“实验的自然哲学的用处”（Usefulness of Experimental Philosophy，1663，part 1），volume 2：1－63.
[3]“实验的自然哲学的用处”（Usefulness of Experimental Philosophy，1663，part 2 sec. 1），volume 2：64－246.
[4]“实验的自然哲学的用处”（Excellency of Experimental Philosophy，1671，part 2 sec. 2），volume 3：392－456.
[5]“机械假说的基础和优越性”（Excellency of Mechanical Hypothesis，1674），volume 4，pp. 67－78.
[6]“探问庸俗自然概念”（Inquiry of Vague Notion of Nature，1686），volume 5：158－254.
[7]“特殊性质的历史”（History of Particular Qualities），volume 3，pp. 292－305.
[8]“论事物的系统性质或普遍性质”（Cosmical Qualities of Things，1671），volume. 3：306－325.
[9]“神学与自然哲学相比的优越性”（Excellency of Theology，1674），volume 4：1－66.
[10]“信基督的大学者”第一部分（Christian Virtuoso. 1690），volume 5：508－540.

（二）实验研究

[11]“空气弹性新实验”（Spring of Air，1660），volume 1：1－117.

[12]“空气弹性新实验续”(Continuation of Air I，1669)，volume 3：175—276.

[13]“空气弹性新实验续”(Continuation of Air II，1680 in Latin；English translation in 1682)，volume 4：505—593.

[14]“反思霍布斯的空气本性”(Examen of Hobbes s Natura aeris，1662)，volume 1：186—242.

[15]“怀疑的化学家”(Sceptical Chemist，1661)，volume 1：458—586.

[16]“一些自然研究论文”第5篇.“硝石的重制”.(Certain Physiological Essays，1661)，volume 1：359—366.

[17]“基于微粒哲学讨论一些特殊药物的可调和性”(Of the Reconcileableness of Specific Medicines of Corpuscular Philosophy)，volume 5：74—108.

[18]“论化学家解释性质的原则的缺陷”(Of the Imperfection of the Chemist's Doctrine of Qualities)，volume 4：273—284.

[19]“特别性质的机械起源”(Experiments. Notes. &c. About Mechanical Origine or Production of Divers Particular Qualities，1675)，volume 4：230—354.

[20]“关于颜色的实验和思考”(Experiments and Considerations Touching Colours，1664)，volume 1：662—788.

[21]“关于冷的新实验和观察”(Experiments Touching Cold，1665)，volume 2：462—686.

[22]“反思霍布斯的冷的学说”(Examen of Hobbes s Doctrine of Cold. 1665)，volume 2：687—698.

[23]“关于奇妙的精微物质、巨大的效能和流射的确定性质”(Essays of Strange Subtilty，Great Efficacy. and Determinate Nature of Effluviums，1673)，volume 3：659—733.

(三)其他波义耳著作集

[1] M. A. Stewart. Selected Philosophical Papers of Robert Boyle [M]. Indianapolis；Cambridge：Hackett Publishing Company，1991.

[2] Michael Hunter edited. Letters and Papers of Robert Boyle [G]. Bethsada MD：University Publications of America，1990.

[3] M. Hunter，E. B. Davis. Boyle Works [G]. 14 volumes，London：Pickering and Chatto，1999—2000.

(四)波义耳手稿

[1] http://www.bbk.ac.uk/boyle/boyle_papers/boylepapers_index.htm.

(五)波义耳通信

[1] http://www.bbk.ac.uk/boyle/researchers/works/correspondence/boyle_correspondence.htm.

二、综合研究文献

[1] Allen G. Debus. Science and Education in the Seventeenth Century：the Webster-Ward

Debate [M]. Macdonald: London, 1970.

[2] 罗伯特·波义耳. 怀疑的化学家 [M]. 袁江洋，译. 北京：北京大学出版社，2007.

[3] 艾伦. G. 狄博斯. 文艺复兴时期的人与自然 [M]. 周雁翎，译. 上海：复旦大学出版社，2000.

[4] Charles Webster. From Paracelsus to Newton: Magic and Making of Modern Science [M]. Cambridge: Cambridge University Press, 1982.

[5] B. J. T. Dobbs. The Foundations of Newton's Alchemy [M]. Cambridge: Cambridge University Press, 1975.

[6] E. A. Burtt. The Metaphysical Foundations of Modern Physical Science [M]. New York: DoubleDay & Company. 1932.

[7] E. A. 伯特. 近代物理科学的形而上学基础 [M]. 徐向东，译. 北京：北京大学出版社，2003.

[8] Marie-Boas Hall. Robert Boyle on Natural Philosophy [M]. Bloomington: Indiana University Press, 1965.

[9] Marie-Boas Hall Robert Boyle and Seventeenth Century Chemistry [M]. London: Cambridge University Press, 1958.

[10] Peter R. Anstey. John A. Achuster. edited. The Science of Nature in the Seventeenth Century [M]. Berlin: Springer. 2005.

[11] R. 霍伊卡. 宗教与现代科学的兴起 [M]. 钱福庭，等译. 成都：四川人民出版社，1991.

[12] Steven Shapin, Simon Schaffer. Leviathan and Air-Pump: Hobbes. Boyle and Experimental Life [M]. Princeton: Princeton University Press, 1986.

[13] 斯蒂文·夏平，西蒙·谢弗. 利维坦与空气泵：霍布斯、波义耳与实验生活 [M]. 蔡佩君，译. 上海：上海世纪出版社，2008.

[14] Charles Webster. The Great Instauration: Science. Medicine and Reform 1626—1660 [M]. London: Duckworth. 1975; reissue with new introduction. Bern: Peter Lang, 2002.

[15] Alan Francis Chalmers. The Scientist s Atom and the Philosopher s Stone [M]. Berlin: Springer, 2009.

[16] Lawrence Nolan edited. Primary and Secondary Qualities : the Historical and Ongoing Debate [M]. Oxford: Oxford University Press, 2011.

[17] John James MacIntosh edited. Boyle on Atheism [M]. Toronto : University of Toronto Press, 2005.

[18] 托马斯·库恩. 科学革命的结构 [M]. 金吾伦，等译. 北京：北京大学出版社，2003.

[19] 伊安·哈金. 表征与干预 [M]. 王巍，等译. 北京：科学出版社，2011.

三、专门文献

（一）传记资料和历史研究

[1] Robert E. W. Maddison. The Life of the Honourable Robert Boyle [M]. London: Taylor & Francis, 1969.

[2] John Farquhar Fulton. A Bibliography of the Honourable Robert Boyle: Fellow of the Royal Society [M]. Oxford: Clarendon Press, 1961.

[3] Thomas Sprat. History of the Royal Society of London. for the Improving of Natural Knowledge [M]. Whitefish; Montana: Kessinger Publishing, 2003.

[4] Michael Hunter. Establishing the New Science: the Experience of the Early Royal Society [M]. Woodbridge: The Boydell Press, 1989.

[5] Sarah Irving. Natural Science and the Origins of the British Empire [M]. London: Pickering and Chatto, 2008.

[6] James Randall Jacob. Robert Boyle and the English Revolution: A Study in Social and Intellectual Change [M]. New York: B. Burt Franklin, 1977.

（二）专门性研究

[1] Antonio Clericuzio. Elements, Principles and Corpuscles: a Study of Atomism and Chemistry in the Seventeenth Century [M]. Dordrecht: Kluwer. 2000.

[2] Jan W. Wojcik. Robert Boyle and the Limits of Reason [M]. New York: Cambridge University Press, 2001.

[3] Lawrence M. Principe. The Aspiring Adept: Robert Boyle and His Alchemical Quest [M]. Princeton: Princeton University Press, 2000.

[4] Michael Hunter. Robert Boyle Reconsidered [M]. New York: Cambridge University Press, 1994.

[5] Michael Hunter. Robert Boyle, 1627 – 1691: Scrupulosity and Science [M]. Woodbridge: Boydell Press, 2000.

[6] Michael Hunter, William Cyril. Robert Boyle. Between God and Science [M]. New Haven: Yale University Press, 2009.

[7] Mitchell Salem Fisher. Robert Boyle. Devout Naturalist: A Study in Science and Religion in the Seventeenth Century [M]. Philadephia: Oshiver Studio Press, 1945.

[8] Peter R. Anstey. The Philosophy of Robert Boyle [M]. London; New York: Routledge, 2000.

[9] Peter Alexander. Ideas. Qualities and Corpuscles: Lock and Boyle on External World [M]. Cambridge: Cambridge University Press, 1985.

[10] Reijer Hooykaas. Robert Boyle: A Study in Science and Christian Belief [M].

Lanham MD: University Press of America, 1997.

[11] Rose-Mary Sargent. The Diffident Naturalist: Robert Boyle and the Philosophy of Experiment [M]. Chicago: University of Chicago Press, 1995.

[12] William R. Eaton. Boyle on Fire: the Mechanical Revolution in Scientific Explanation [M]. London; New York: Continuum, 2005.

[13] William R. Newman, Lawrence M. Principe. Alchemy Tried in the Fire: Starkey, Boyle and the Fate of Helmontian Chymistry [M]. Chicago: University of Chicago Press, 2002.

（三）相关学位论文

[1] Drumin William Arthur. The Corpuscular Philosophy of Robert Boyle: its Establish-ment and Verification [D]. Colombia University, 1973.

[2] Mary Elizabeth Bowen. "The Great Automation. the World": the Mechanical Philosophy of Robert Boyle F. R. S [D]. Columbia University, 1975.

[3] William Rolla Eaton. Boyle on Fire: the Mechanical Revolution in Scientific Explanation [D]. Southern Illinois University at Carbondale. 2004.

[4] Mary E. Zimmer. "Petty Magic to Experiment": The Seventeenth Century's Scientific Revolution and the Closing of This World to the Next (John Donne. Thomas Browne. Robert Boyle) [D]. Rice University, 2004.

[5] Gary V. Chipman. Robert Boyle and the Significance of Skill and Experience in Seventeenth-century Natural Philosophy [D]. University Of North Texas August, 2000.

[6] Edward Bradford JR. Davis. Creation, Contingency, and Early Modern Science: the Impact of Voluntaristic Theology on Seventeenth Century Natural Philosophy (Religion) [D]. Indiana University, 1984.

[7] Darko Piknjac. The Absence of Aristotelian Teleology in Some Modern European Philosophers of Nature [D]. University of Windsor (Canada), 1993.

[8] Porter Dahlia. "Knowledge Broken": Empiricist Method and the Forms of Romanticism [D]. University of Pennsylvania, 2007.

[9] Robin L. Gordon. The murder of Spinoza and Other 17th century alchemists: A Contemporary Look at a Long-ago Mortificatio Tale [D]. Pacifica Graduate Institute, 2004.

[10] Daniel Yim. John Locke on the Resemblance Theses and the Primary-Secondary Quality Distinction [D]. University of Southern California. 2003.

[11] Thaddeus Steven Robinson. Spinoza and the Metaphysics of Mechanism [D]. Purdue University, 2007.

[12] Armstrong Sean. Superstition and Idols of Mind: How the Witch-hunt Helped Shape the Scientific Revolution in England [D]. Thesis. York University, Toronto. Ontario,

July 2004.
[13] Jacob Pries. Boyle, Young Theodician [D]. Cornell University, 1969.
[14] M. E. Crowley. The Notion of Nature in the Corpuscular Philosophy of Robert Boyle [D]. Marquette University, 1970.
[15] Margaret J. Osler. John Locke and Some Philosophical Problems in the Science of Boyle and Newton [D]. Indiana University, 1968.
[16] B. C. Teague. The Origins of Robert Boyle's Philosophy [D]. University of Cambridge, 1971.
[17] Jane E. Jenkins. Matter and Vacuum in Robert Boyle's Natural Philosophy [D]. University of Toronto, 1996.
[18] R. J. Kronemeyer. Matter and Meaning: dualism in the Thought of Robert Boyle. Isaac Newton and John Ray [D]. Kent State University, 1978.
[19] Harriet Knight. Organising Natural Knowledge in the Seventeenth Century: the Works of Robert Boyle [D]. University of London, 2003.
[20] Helen Mallinson. The Gnat and the Vacuum: Robert Boyle and the History of Air [D]. University of London. 2009.
[21] John Milton. The influence of the Nominalist Movement on The Thought of Bacon. Boyle and Locke [D]. University of London, 1982.
[22] Christian White. The English Essay from Bacon to Boyle [D]. University of Leeds, 1996.
[23] 王琳. 波义耳微粒哲学及与其实验的关系 [D]. 北京：北京大学，2011.

四、相关重要论文

[1] Peter Alexander. Boyle and Locke on Primary and Secondary Qualities [J]. Ratio, 16 (1974): 51—67.
[2] Peter Alexander. Curley on Locke and Boyle [J]. Philosophical Review, 83 (1974): 229—37.
[3] Peter Alexander. The Names of Secondary Qualities [J]. Proceedings of the Aristotelian Society, 72 (1977): 203—220.
[4] Peter Alexander. How could a Respectable Seventeenth-century Empiricist be Influenced by Robert Boyle? [J]. Locke Studies, 5 (2005). 103—117.
[5] E. N. da C. Andrade. The Early History of the Vacuum Pump [J]. Endeavour, 16 (1957): 29—35.
[6] Peter Anstey. Boyle on Occasionalism: An Unexamined Source [J]. Journal of the History of Ideas. Vol. 60. No. 1 (1999) 3: 57—81.
[7] Peter Anstey. The Christian Virtuoso and the Reformers: are there Reformation Roots to

Boyle's Natural Philosophy? [J]. Lucas: an Evangelical History Review, 27−28 (2000): 5−40.

[8] Peter Anstey. Robert Boyle and the Heuristic Value of Mechanism [J]. Studies in the History and Philosophy of Science, 33 (2002): 161−174.

[9] Michael Ben-Chaim. The Value of Facts in Boyle's Experimental Philosophy [J]. History of Science, 38 (2000): 57−77.

[10] Michael Ben-Chaim. Empowering Lay Belief: Robert Boyle and the Moral Economy of Experiment [J]. Science in Context, 15 (2002): 51−77.

[11] Martha Brandt Bolton. The Origins of Locke's Doctrine of Primary and Secondary Qualities [J]. Philosophical Quarterly, 26 (1976): 305−16.

[12] Alan Chalmers. The Lack of Excellency of Boyle's Mechanical Philosophy [J]. Studies in the History and Philosophy of Science, 24 (1993): 541−564

[13] Alan Chalmers. Atomism, Experiment and the Mechanical Philosophy: The Work of Robert Boyle [J]. Boston Studies in the Philosophy of Science. 279 (2009): 97−122.

[14] Antonio Clericuzio. A redefinition of Boyle's chemistry and corpuscular philosophy [J]. Annals of Science, 47 (1990): 561−589.

[15] Antonio Clericuzio. Robert Boyle and the English Helmontians [M] // Alchemy Revisited. Z. R. W. M. von Martels ed. Leiden: E. J. Brill, 1990: 192−199.

[16] Antonio Clericuzio. From Van Helmont to Boyle: a Study of the Transmission of Helmontian Chemical and Medical Theories in Seventeenth-Century England [J]. British Journal for the History of Science, 26 (1993): 303−334.

[17] Antonio Clericuzio. Carneades and the Chemists: a Study of The Sceptical Chymist and its Impact on Seventeenth-Century Chemistry [M] //Michael Hunter ed. Robert Boyle Reconsidered. Cambridge: Cambridge University Press, 1994: 79−90.

[18] Antonio Clericuzio. The Mechanical Philosophy and the Spring of the Air, New Light on Robert Boyle and Robert Hook [J]. Nuncius, 13 (1998): 69−75.

[19] Antonio Clericuzio. Gassendi. Charleton and Boyle on Matter and Motion [M] // Christoph Lüthy, John E. Murdoch, William R. Newman eds. Late Medieval and Early Modern Corpuscular Matter Theories. Leiden: Brill, 2001: 467−482.

[20] J. B. Conant. Harvard Case Histories in Experimental Science [M]. Cambridge. Mass: Harvard University Press, 1948 (2): i, 1−63.

[21] Margaret G. Cook. Divine Artifice and Natural Mechanism: Robert Boyle s Mechanical Philosophy of Nature [J]. Osiris, 16 (2001): 133−150.

[22] E. M. Curley. Locke, Boyle and the Distinction Between Primary and Secondary Qualities [J]. Philosophical Review, 81 (1972): 38−64.

[23] Edward B. Davis. The Anonymous Works of Robert Boyle and the Reasons Why a Protestant Should not Turn Papist [J]. Journal of the History of Ideas, 55 (1994): 611—629.

[24] Peter Dear. Miracles, Experiments and the Ordinary Course of Nature [J]. Isis, 81 (1990): 663—83.

[25] A. G. Debus. Solution Analyses Prior to Robert Boyle [J]. Chymia, 8 (1962): 141—161.

[26] A. G. Debus. Fire Analysis and the Elements in the Sixteenth and Seventeenth Centuries [J]. Ann. Sci., 23 (1967): 127—147.

[27] A. G. Debus. The Chemical Philosophy: Paracelsian Science and Medicine in the 16th and 17th Centuries [M]. New York: Science History Publications, 1977 (2): 473—492.

[28] Simon Duffy. The Difference Between Science and Philosophy: the Spinoza-Boyle Controversy Revisited [J]. Paragraph, 2006 (July): 115—138.

[29] Travis Dumsday. Robert Boyle on the Diversity of Religions [J]. Religious Studies, 44 (2008): 315—332.

30. William Eamon. New Light on Robert Boyle and the Discovery of Colour Indicators [J]. Ambix, 27 (1980): 204—209.

[31] Harold Fisch. The Scientist as Priest: a Note on Robert Boyle's Natural Philosophy [J]. Isis, 44 (1953): 252—265.

[32] W. J. Green. Models and Metaphysics in the Chemical Theories of Boyle and Newton [J]. Journal of Chemical Education, 55 (1978): 434—436.

[33] R. A. Greene. Henry More and Robert Boyle on the Spirit of Nature [J]. Journal of the History of Ideas, 23 (1962): 451—474.

[34] Anita Guerrini. Robert Boyle's Critique of Aristotle in the Origin of Forms and Qualities [C] //J. M. M. H. Thijssen H. A. G. Braakhuis eds. The Commentary Tradition on Aristotle's De generatione et corruptione: Ancient, Medieval and Early Modern. Turnhout: Brepols, 1999: 207—219.

[35] Ian Hacking. Artificial Phenomena (Review Essay of Shapin and Schaffer. Leviathan and the Air-pump) [J]. British Journal for the History of Science, 24 (1991): 235—241.

[36] [Hall] Marie Boas. Boyle as a theoretical scientist [J]. Isis, 41 (1950): 261—268.

[37] [Hall] Marie Boas. The Establishment of the Mechanical Philosophy [J]. Osiris, 10 (1952): 412—541.

[38] M. B. Hall. What Happened to the Latin Edition of Boyle's History of Cold? [J]. Notes and Records of the Royal Society, 17 (1962): 32.

[39] M. B. Hall. Boyle's Method of Work: Promoting His Corpuscular Philosophy [J].

Notes and Records of the Royal Society，41 (1987)：111—143.

[40] Peter Harrison. Physico—Theology and the Mixed Sciences：the Role of Theology in Early Modern Natural Philosophy [C] //Peter R. Anstey，John A. Schuster eds. The Science of Nature in the Seventeenth Century：Patterns of Change in Early Modern Natural Philosophy. Dordrecht：Springer，2005：165—183.

[41] John Henry. Occult Qualities and the Experimental Philosophy：Active Principles in Pre-Newtonian Matter Theory [J]. History of Science，24 (1986)：335—381.

[42] John Henry. Boyle and cosmical qualities [C] //Michael Hunter ed. Robert Boyle Reconsidered. Cambridge University Press，1994：119—138.

[43] Rom Harré. Robert Boyle：The Measurement of the Spring of the Air [C] //Rom Harré. Great Scientific Experiments. Oxford：Phaidon，1981：143—163.

[44] Thomas Holden. Robert Boyle on Things above Reason [J]. British Journal for the History of Philosophy，15 (2007)：283—312.

[45] R. Hooykaas. The Experimental Origin of the Chemical Atomic and Molecular Theory Before Boyle [J]. Chymia，1949 (2)：65—80.

[46] R. Hooykaas. Religion and the Rise of Modern Science [M]. Edinburgh：Scottish Academic Press，1972：xiii，162.

[47] R. Hooykaas. Robert Boyle：A Study in Science and Christian Belief [M]. Redeemer College，University Press of America，1997：xxiv. 131.

[48] Michael Hunter. Science and Heterodoxy：an Early Modern Problem Reconsidered [C] //D. C. Lindberg and R. S. Westman eds. Reappraisals of the Scientific Revolution. Cambridge University Press，1990：437—460.

[49] Michael Hunter. How Boyle Became a Scientist [J]. Hist. Sci.，33 (1995)：59—103.

[50] Keith Hutchison. What Happened to Occult Qualities in the Scientific Revolution? [J]. Isis，73 (1982)：233—253.

[51] Keith Hutchison. Supernaturalism and the Mechanical Philosophy. History of Science，21 (1983). 297—293.

[52] Keith Hutchison，A. J. Ihde. Antecedents to the Boyle Concept of the Element [J]. Journal of Chemical Education，33 (1956)：548—551.

[53] J. R. Jacob. The Ideological Origins of Robert Boyle's Natural Philosophy [J]. Journal of European Studies，2 (1972)：1—21.

[54] J. R. Jacob. Robert Boyle and Subversive Religion in the Early Restoration [J]. Albion，6 (1974)：275—293.

[55] J. R. Jacob，M. C. Jacob. The Anglican Origins of Modern Science：the Metaphysical Foundations of the Whig Constitution [J]. Isis，71 (1980)：251—267.

[56] M. C. Jacob. Strangers Nowhere in the World: the Origins of Early Modern Cosmopolitanism [M]. Philadelphia: University of Pennsylvania Press, 2006.

[57] Struan Jacobs. Laws of Nature, Corpuscles and Concourse: Non-occasionalist Tendencies in the Natural Philosophy of Robert Boyle [J]. Journal of Philosophical Research, 19 (1994): 373—393.

[58] Jane E. Jenkins. Arguing about Nothing: Henry More and Robert Boyle on the Theological Implications of the Void [M] //Margaret J. Osler ed. Rethinking the Scientific Revolution. Cambridge: Cambridge University Press, 2000: 153—179.

[59] J. E. Jones. Locke vs. Boyle: the Real Essence of Corpuscular Species [J]. British Journal for the History of Philosophy, 15 (2007): 659—684.

[60] R. H. Kargon. Walter Charleton. Robert Boyle and the acceptance of Epicurean atomism in England [J]. Isis, 55 (1964): 184—192.

[61] R. H. Kargon. Atomism in England from Hariot to Newton [M]. Oxford: Clarendon Press, 1966.

[62] R. H. Kargon. The Testimony of Nature: Boyle. Hooke and the Experimental Philosophy [J]. Albion, 3 (1971): 72—81.

[63] Laura Keating. Un-Locke-ing Boyle: Boyle on Primary and Secondary Qualities [J]. History of Philosophy Quarterly. 10 (1993). 305—323.

[64] Mi Gyung Kim. The Analytic Ideal of Chemical Elements: Robert Boyle and the French Didactic Tradition of Chemistry [J]. Science in Context, 14 (2001): 361—395.

[65] Harriet Knight. Rearranging Seventeenth-century Natural History into Natural Philosophy: Eighteenth-century Editions of Boyle's Works [M] //Matthew Eddy and David Knight (eds). Science and Beliefs: From Natural Philosophy to Natural Science. 1700—1900. Aldershot: Ashgate, 2005: 31—42.

[66] Henry Krips. Ideology, Rhetoric, and Boyle's New Experiments [J]. Science in Context, 7 (1994): 53—64.

[67] Thomas S. Kuhn. Robert Boyle and Structural Chemistry in the Seventeenth Century [J]. Isis, 43 (1952): 12—36.

[68] J. H. Kultgen. Boyle's Metaphysic of Science [J]. Philosophy of Science, 23 (1956): 136—141.

[69] Laurens Laudan. The Clock Metaphor and Probabilism: the Impact of Descartes on English Methodological Thought, 1650—1665 [J]. Annals of Science, 22 (1966): 73—104.

[70] H. M. Leicester. Boyle. Lomonosov, Lavoisier and the Corpuscular Theory of Matter [J]. Isis, 58 (1967): 240—244.

[71] J. G. Lennox. Robert Boyle's Defense of Teleological Inference in Experimental

Science [J]. Isis，74 (1983)：38—52.

[72] Trever H. Levere. Addicted to Experimental Philosophy：The Works of Robert Boyle [J]. Canadian Journal of History，37 (2002)：75—82.

[73] Ron Levy. A Clash of Wills：Voluntarism in the Thought of Robert Boyle [C] //M. H. Shale and G. W. Shields (eds.). Science. Technology and Religious Ideas. Lenham. Md.：University Publications of America，1994：157—176.

[74] Christopher E. Lewis. Baruch Spinoza. A Critic of Robert Boyle on matter [J]. Dialogue，27 (1984)：11—22.

[75] Littleton Charles. Ancient Languages and New Science：the Levant in the Intellectual Life of Robert Boyle [C] //Alastair Hamilton. Maurits van den Boogert and Bart Westerweel (eds). The Republic of Letters and the Levant. Leiden：Brill，2005：152—171.

[76] H. R. McAdoo. The Spirit of Anglicanism：a Survey of Anglican Theological Method in the Seventeenth Century [M]. London：Adam & Charles Black，1965：260—285.

[77] E. McCann. Was Boyle an Occasionalist? [C] //A. J. Holland ed. Philosophy，its History and Historiography. Dordrecht：D. Reidel，1985：229—231.

[78] J. E. McGuire. Boyle's Conception of Nature [J]. Journal of the History of Ideas，33 (1972)：523—542.

[79] J. J. Macintosh. Primary and Secondary Qualities [J]. Studia Leibnitiana，8 (1976)：88—104.

[80] J. J. Macintosh. Perception and Imagination in Descartes，Boyle and Hooke [J]. Canadian Journal of Philosophy，13 (1983)：327—352.

[81] J. J. Macintosh. Robert Boyle on Epicurean atheism and atomism [C] //M. J. Osler ed. Atoms. Pneuma and Tranquillity：Epicurean and Stoic Themes in European Thought. Cambridge University Press，1992：197—219.

[82] J. J. Macintosh. Robert Boyle's Epistemology：the Interaction Between Scientific and Religious Knowledge [J]. International Studies in the Philosophy of Science，6 (1992)：91—121.

[83] J. J. Macintosh. Locke and Boyle on Miracles and God's Existence [C] //Michael Hunter (ed.). Robert Boyle Reconsidered. Cambridge University Press，1994：193—214.

[84] J. J. Macintosh. Boyle on Atheism [M]. Toronto：University of Toronto Press，2005.

[85] J. J. Macintosh. Boyle and Locke on Observation，Testimony，Demonstration and Experience [J]. Croatian Journal of Philosophy，5 (2005)：275—288.

[86] J. J. Macintosh. The Excellencies of Robert Boyle：The Excellency of Theology and the Excellency and Grounds of the Mechanical Hypothesis [C]. Peterborough：

Broadview Editions, 2008.

87. Douglas McKie. The Hon. Robert Boyle's Essays of Effluviums (1673) [J]. Science Progress, 29 (1934): 253—265.

[88] Douglas McKie. Some Early Work on Combustion, Respiration and Calcination [J]. Ambix, 1 (1938): 143—165.

[89] R. E. W. Maddison. Galileo and Boyle: a Contrast [C] //C. Maccagni. ed. Saggi su Galileo Galilei. Florence: G. Barbera, 1967: 348—361.

[90] Scott Mandelbrote. The Uses of Natural Theology in Seventeenth-century England [J]. Science in Context, 20 (2007): 451—480.

[91] Robert Markley. Robert Boyle in and Out of His Time [J]. The Eighteenth Century, 35 (1994): 280—286.

[92] A. van Melsen. From Atomos to Atom: the History of the Concept Atom [M]. Pittsburgh: Duquens University Press, 1952 [originally published Amsterdam. 1949]: 99—109.

[93] Guy Meynell. Locke. Boyle and Peter Stahl [J]. Notes and Records of the Royal Society, 49 (1995): 185—192.

[94] Guy Meynell. Locke's Corpuscularismism and Boyle's Corpuscular Philosophy [J]. Locke Studies, 3 (2003): 133—145.

[95] L. T. More. Boyle as Alchemist [J]. Journal of the History of Ideas, 2 (1941): 61—76.

[96] R. G. Neville. The Discovery of Boyle s law, 1661—1662 [J]. Journal of Chemical Education, 39 (1962). 356—359.

[97] William R. Newman. Boyle's debt to Corpuscular Alchemy [C] //Michael Hunter. Robert Boyle Reconsidered. Cambridge University Press, 1994: 107—118.

[98] William R. Newman. The Alchemical Sources of Robert Boyle's Corpuscular Philosophy [J]. Annals of Science, 53 (1996): 567—585.

[99] Christopher Norris. Why Strong Sociologists Abhor a Vacuum: Shapin and Schaffer on the Boyle/Hobbes Controversy [J]. Philosophy and Social Criticism, 23. No. 4 (1997): 9—40

[100] J. J. O Brien. Samuel Hartlib's Influence on Robert Boyle's Scientific Development [J]. Annals of Science, 21 (1965): 1—14, 257—276.

[101] Margaret J. Osler. The Intellectual Sources of Boyle's Philosophy of Nature: Gassendi's Voluntarism and Boyle's Physico-theological Project [C] //Richard Kroll, Richard Ashhcraft, Perez Zagorin. eds. Philosophy. Science and Religion in England 1640—1700. Cambridge University Press, 1992: 178—198.

[102] Margaret J. Osler. Triangulating Divine Will: Henry More, Robert Boyle and René

Descartes on God's Relationship to the Creation [C] //Marailuisa Baldi (ed.). Stoicismo e Origenismo nella Filosofia del Seicento Inglese. Milan: Franco Angeli, 1996: 75—87.

[103] Margaret J. Osler. From Immanent Natures to Nature as Artifice: the Reinterpretation of Final Causes in Seventeenth-century Natural Philosophy [J]. The Monist, 79 (1996): 388—408.

[104] F. J. O Toole. Qualities and Powers in the Corpuscular Philosophy of Robert Boyle [J]. Journal of the History of Philosophy, 12 (1974): 295—315.

[105] D. Palmer. Boyle's Corpuscular Hypothesis and Locke's Primary-secondary Quality Distinction [J]. Philosophical Studies, 29 (1976): 181—189.

[106] Pasnau. Robert. Form, Substance and Mechanism [J]. Philosophical Review, 113 (2004): 31—88.

[107] Paul Phillips. Robert Boyle-a Shoulder for Newton [J]. Chemistry in Britain, October, 1992: 906—908.

[108] Elizabeth Potter. Gender and Boyle's Law of Gases [M]. Bloomington: Indiana University Press, 2001.

[109] Lawrence M. Principe. Boyle's Alchemical Pursuits [C] //Michael Hunter. (ed.) Robert Boyle Reconsidered. Cambridge University Press, 1994: 91—105.

[110] G. A. J. Rogers. Boyle. Locke and Reason [J]. Journal of the History of Ideas, 27 (1966): 205—216.

[111] G. A. J. Rogers. Descartes and the Method of English Science [J]. Annals of Science, 29 (1972): 237—255.

[112] G. A. J. Rogers. Science and British Philosophy: Boyle and Newton. [C] // Stuart Brown. British Philosophy in the Age of Enlightenment. London: Routledge, 1996: 43—68.

[113] Rose-Mary Sargent. Robert Boyle's Baconian Inheritance: a Response to Laudan's Cartesian Thesis [J]. Studies in the History and Philosophy of Science, 17 (1986): 469—486.

[114] Rose-Mary Sargent. Learning from Experience: Boyle's Construction of an Experimental Philosophy [C] //Michael Hunter. Robert Boyle Reconsidered. Cambridge University Press, 1994: 57—78.

[115] Timothy Shanahan. God and Nature in the Thought of Robert Boyle [J]. Journal of the History of Philosophy, 26 (1988): 547—569.

[116] Timothy Shanahan. Teleological Reasoning in Boyle's Disquisition about Final Causes [C] //Michael Hunter. Robert Boyle Reconsidered. Cambridge University Press, 1994: 177—192.

[117] Steven Shapin. Pump and Circumstance: Robert Boyle's Literary Technology [J]. Social Studies of Science, 14 (1984). 481—520.

[118] Steven Shapin. Robert Boyle and Mathematics: Reality, Representation and Experimental Practice [J]. Science in Context, 2 (1988): 23—58.

[119] Steven Shapin. The House of Experiment in Seventeenth-century England [J]. Isis, 79 (1988): 373—404.

[120] Steven Shapin. The Invisible Technician [J]. American Scientist, 77 (1989): 554—563.

[121] Steven Shapin. Of Gods and Kings: Natural Philosophy and Politics in the Leibniz-Clarke Disputes [J]. Isis, Vol. 72. No. 2 (Jun. 1981): 187—215.

[122] A. D. Smith. Of Primary and Secondary Qualities [J]. The Philosophical Review, Vol. XCIX. No. 2 (April 1990).

[123] M. A. Stewart. Locke's Professional Contacts with Robert Boyle [J]. The Locke Newsletter, 12 (1981): 19—44.

[124] M. A. Stewart. Locke's "Observations" on Boyle [J]. The Locke Newsletter, 24 (1993): 21—34.

[125] J. C. Walmsley. "Morbus", Locke and Boyle: a Response to Peter Anstey [J]. Early Science and Medicine, 7 (2002): 378—397.

[126] M. T. Walton. Boyle and Newton on the Transmutation of Water and Air from the Root of Helmont's tree [J]. Ambix, 27 (1980): 11—18.

[127] Charles Webster. The Discovery of Boyle's Law and the Concept of the Elasticity of Air in the Seventeenth Century [J]. Archive for History of Exact Sciences, 2 (1965): 441—502.

[128] Charles Webster. Water as the Ultimate Principle of Nature: the Background to Boyle's Sceptical Chymist [J]. Ambix, 13 (1965): 96—107.

[129] Charles Webster. New Light on the Invisible College: the Social Relations of English Science in the Mid Seventeenth Century [J]. Transactions of the Royal Historical Society, 5th series 24 (1974): 19—42.

[130] John B. West. The Original Presentation of Boyle's Law [J]. Journal of Applied Physiology, 87 (1999): 1543—1545.

[131] John B. West. Robert Boyle's Landmark Book of 1660 with the First Experiments on Rarified Air [J]. Journal of Applied Physiology, 98 (2005): 31—39.

[132] Muriel West. Notes on the Importance of Alchemy to Modern Science in the Writings of Francis Bacon and Robert Boyle [J]. Ambix, 9 (1961): 102—114.

[133] N. West. Robert Boyle (1627—1691) and the Vacuum Pump [J]. Vacuum, 43 (1992): 283—286.

[134] Wiener. Philip Paul. The Experimental Philosophy of Robert Boyle (1626—1691)

[J]. Philosophical Review, 41 (1932): 594—609.

[135] R. S. Wilkinson. The Hartlib Papers and Seventeenth-century Chemistry, Part 1 [J]. Ambix, 15 (1968): 54—69.

[136] George Wilson. On the Early History of the Air-pump in England [J]. Edinburgh New Philosophical Journal, 46 (1848—9): 330—354.

[137] Michael Wintroub. The Looking Glass of Facts: Collecting. Rhetoric. and Citing the Self in the Experimental Natural Philosophy of Robert Boyle [J]. History of Science, 35 (1997): 189—217.

[138] David F. Wolf. Locke. Boyle and the Perceiving of Corpuscles [J]. Southwest Philosophy Review, 13 (1997): 43—56.

后　记

近代科学理论严整，其实用中无往不利。但我们的传统仍习惯于“终日行不离辎重”，“依仁游艺”、“立己达人”。相较科学理论或知识，科学的历史实事之于心灵涵养更为切近。亲近历史实事，才能从中读出适时应机的性灵文章。

本书源于我的博士论文，择要分析波义耳自然哲学，主要讨论“关于实验哲学的方法论论争”这个专门问题。二十世纪科学史研究蔚为大观，单就所谓“波义耳产业”、“波义耳计划”已琳琅满目。少人问津的历史文本的确需要有人去读。在论证之外，文中留有一些余绪，比如波义耳在自然神学和自然哲学之间的纠结。尽管这也已被反复讨论，却难说已穷尽意义。本书可以“链接”到相关波义耳研究的热点问题、多元研究，直到大学学位论文的整个地形。期望有助于读者借此眺望、兴起深远之思与坚毅之问。

我父亲1951年生人，学中医而行医生之业。他当过“住院总”，对化验、B超、X光，电解质、激素、生物碱无不得心应手。然而他说不来英语，写不出食盐的分子式，也解不了二次方程。多年以来，他时常挂在嘴边的是“阴平阳秘，精神乃治”、“穷则变，变则通”、“医者父母心”。父亲某天诊病时，眸子中的神采极为专注，让我触动又大为心疼。那神光是从伏羲、岐黄照过来的吗？我大学的专业是高分子材料，若非先任性读书、蹭课，领受“四书五经”的教诲，后又读哲学硕士入了学术之门，我或许无缘科学的历史，去用心思量越洋之外、久远时代、那群人的创建，以至于有所谈论。

感谢中国科学院自然史研究所的学习条件，我有幸蒙受中国科学史学界的思想熏陶，并便于遍查“波义耳研究”的学术疆域。在袁江洋先生的指导下，我逐渐抵近“波义耳研究”这个科学史学术的重大关隘。对《怀疑的化学家》条分缕析，查阅《波义耳著作集》，接触学术前沿，我逐渐找到问题和研究路径，完成这份学术劳作。感谢孙小淳、郝刘祥、张藜诸位先生的启迪和关怀，感谢刘晓、罗兴波、苏湛、姚大志、张卜天等所有给我教益和帮助的朋友。

陈仕丹
2023 年 6 月